深度

度

DEEP
MEMORY

如何有效记忆
你想记住的一切

[美] 罗伯特·麦迪根 著　钱志慧译

记

忆

天津出版传媒集团

天津人民出版社

图书在版编目（CIP）数据

深度记忆：如何有效记忆你想记住的一切 / (美)
罗伯特·麦迪根著；钱志慧译. —— 天津：天津人民出
版社，2019.6
书名原文：How Memory Works
ISBN 978-7-201-14675-1

Ⅰ.①深… Ⅱ.①罗… ②钱… Ⅲ.①记忆术 – 通俗
读物 Ⅳ.①B842.3-49

中国版本图书馆CIP数据核字（2019）第084747号

Copyright © 2017 The Guilford Press
A Division of Guilford Publications,Inc.
Published by arrangement with The Guilford Press

著作权合同登记号：图字02-2018-388号

深度记忆：如何有效记忆你想记住的一切
SHENDU JIYI: RUHE YOUXIAO JIYI NI XIANG JIZHU DE YIQIE

出　　版　天津人民出版社
出 版 人　刘　庆
地　　址　天津市和平区西康路35号康岳大厦
邮政编码　300051
邮购电话　（022）23332469
网　　址　http://www.tjrmcbs.com
电子邮箱　tjrmcbs@126.com

责任编辑　陈　烨
策划编辑　李东旭
特约编辑　李　羚
装帧设计　樱　瑄

制版印刷　天津旭非印刷有限公司
经　　销　新华书店
开　　本　880×1230毫米　1/32
印　　张　9
字　　数　120千字
版次印次　2019年6月第1版　2019年6月第1次印刷
定　　价　49.80元

目　录

前言
preface

○ 记忆技巧的科学性

你想记住刚见过面的人的名字吗？或者，你不想轻易就忘记诸如支付电话费这样的琐事？你能想象不带清单去超市采购吗？或者，你想记住所有账号的密码吗？你想回忆起去年秋天度假的更多细节吗？事实证明，如果人们训练记忆技巧，大多数人都能在遇到上述问题时更好地记忆。

近年来，关于记忆如何运行和如何增强记忆的科学研究取得了巨大的进步。在下文中，你会了解到许多阐释人类记忆真相的新研究，也会学到我称之为"记忆技巧"的策略，它们基于科学基础，并可以创造性地用于应对容易忘事的各种场合——比如回想过去的一件事或记住某个人的名字。

你可能会问，在网络、智能手机、社交媒体泛滥的时代，为什么还要读一本如何增强记忆的书？毫不夸张地说，我们只要动动手指，什么信息都能查到。确实，这些革命性的发明让信息触手可得，这在几十年前还是无法想象的。有趣的是，科学技术的强大反而赋予了我们增强记忆的意义和价值。随着我们把挑战大脑的任务越来越多地推给电子设备，我们感觉到重要技能正在慢慢地丧失，感觉到大脑在走下坡路。2011年，时尚与健康方面的专栏作家丹·卢克伍德在《GQ》杂志里写道：

> 过去我必须记住所有的重要信息——银行账户、密码以及身份证件号码。现在呢？我变得过分依赖物理记忆。早晨睁开眼睛，我做的第一件事就是查看电子日记里的预约。坐进汽车，在GPS上输入目的地——没有它我会迷路。我写作过分依赖电脑的拼写检查，心算让位给了计算器。我不用记住古老的邮寄地址，因为WebMail会替我记住每个人的电子邮箱。

卢克伍德并不是个例。一项3000名英国人参与的调查显示，30岁以下的调查对象当中，有三分之一的人记不住自己的电话号码，更别说他们家人的生日。事实上，这样的调查结果并不令人惊讶。因为记住这些信息需要大脑的努力，既然电子设备能轻松地替我们记住，我们何必再为此烦恼呢？想一想，洗碗机、洗衣机、电锯和割草机减轻了我们多少的体力劳动。过去，我们根本用不着去健身房锻炼身体。但当节省体力的机器开始普及后，我们走得少了，举得少了，动得也少了。

21世纪的科技不仅影响了体力劳动，也影响了大脑劳动。电脑和便捷的软件让我们能够比以前做更多的智力工作，并且能较快又相对轻松地完成。不管是使用电子制表软件的商人、通过大数据搜索的学者、依赖电子设备记录的医生，还是依赖文字处理软件的作家，我们中的大多数人都不想再回到20世纪。

确实，这些发明已经成了我们脑力劳动的伙伴。我们依靠它们处理细节、安排任务和汇总信息。我们和这些设备的关系太亲近了，以致我们在不用GPS开车、不用电脑写信或不用专业软件计税时倍感不适。于是，我们开始像卢克伍德一样反思，是否有什么失去了平衡。

记忆技巧在这一失去的领域开辟出一条回归之路，那就是增强对具体事务的记忆——记住信息、数字、姓名、活动等等。这些策略建立在记忆规则的主动性、独创性和知识性的基础上，能够将容易忘记的事情变得更加好记，并且还不需要外物的帮助。运用它们类似于特意进行诸如走路而不开车或爬楼梯而不乘电梯等的体力活动。

有时候记忆策略并不需要花费太多精力。如果你见到新同事布拉德，想要记住他的姓名，你可以联想演员布拉德·皮特就站在你的旁边。这里涉及两个重要的记忆方法，形象化和联想。你在选择助记方式、生成形象和创造联想的过程中激活了高级的大脑活动。由于这种脑力训练只在你的控制之下，并且只使用你自己的大脑资源，因此可以摆脱对计算机设备的依赖。

记忆策略比脑力训练走得更远，它们是经过证明的、能增加记忆力和充分利用有效信息的实用方法。它们适用于科技设备无法管理信息的场合，比如记住布拉德的姓名、记住回家时顺路去拿干洗的衣服、记住商业会谈的资料，或记住重要的密码和PIN码。它们需要大脑的努力和创造，同时也会在处理日常生活事务中发挥巨大的作用。

○ 记忆技巧的实用性

运用特殊技巧能增强多少记忆力？看过斯科特·海格伍德的故事你就能一清二楚。1999年，36岁的他患上癌症，生活自此天翻地覆。肿瘤摘除手术后，医生建议他化疗，同时警告他治疗和恢复的过程会伴随着记忆混乱和认知偏差等问题。这个消息让海格伍德非常沮丧，因为他觉得自己的记忆力十分平庸。他说他高中毕业时是班级里的后几名，SAT的分数也刚刚达到大学的录取线。

化疗开始前的一段时间，海格伍德在书店里闲晃，买了一本关于增强记忆的书，书的作者是英国记忆培训师托尼·布赞。他非常好奇书中的一种记忆扑克牌顺序的方法——这种方法和我在第十四章"记忆官殿"里探讨的相类似——他试着学习，最后达到了只要看一遍就能准确按顺序说出扑克牌的程度。在家庭聚会上，海格伍德向他的兄弟演示了这一新技巧——10分钟内记住一副扑克牌，还赢得赌注。

对那些没见过的人来说，一口气记住52张扑克牌顺序的壮举看起来非常震撼。海格伍德的兄弟惊呆了，他想了解更多。海格伍德告诉他关于美国记忆锦标赛的事。一年一度的赛事上，人们互相较量记忆的速度和准确，其内容五花八门，也包括扑克牌。他的兄弟热情洋溢，催促他去参加2001年的记忆锦标赛。这个想法慢慢在他心里生根。如果参加比赛，他需要出色地记住五类内容：扑克牌、对应人脸的姓名、诗歌、随机数字和单词表。他了解各种记忆技巧，然后开始进行训练。比赛开始时，他已经做好了准备。

分数出来后，海格伍德获得了比赛的总冠军。他随后连续获得2002年、2003年和2004年（这是他最后一次参赛）的记忆锦标赛冠军。2003年，他创造了一项全美纪录——15分钟内随机记住了107个单词，并且按顺序将它们正确拼写了出来。这项记录一直保持到2011年才被索菲娅·胡打破——她在相同的时间里随机记住了120个单词。

2003年，海格伍德对国际知名奖项"记忆大师"发起挑战。该奖项由一家立足于伦敦的集团创立。他必须在一小时内记住1000个随机数字、在一小时内记住10副扑克牌以及在两分钟内记住1副扑克牌才能赢得挑战。他全都做到了。曾经对自己的记忆力缺乏信心的斯科特·海格伍德，在41岁时成了一名得到认证的记忆大师。

海格伍德对记忆力的追求属于个例，现实中很少有人会去参加记忆比赛，因此本书培训的目的并不在此。然而，海格伍德的故事说明了努力练习记忆技巧会产生多么大的威力。在下文中，你将看到我们如何运用海格伍德的策略来提高你日常生活中的记忆能力。

○ 记忆科学

本书涉及的技巧来源于多个渠道。一些出自研究记忆的当代科学家；一些出自像海格伍德这样的记忆术老手；还有一些技巧已经使用了几个世纪，可追溯到希腊和罗马时代。事实上，很多有用的记忆技巧都起源于文字作品短缺、学生没有教科书的时代，那时人们大力推崇和培养记忆能力。但无论这些技巧起源于何时，凭借现代记忆科学，我们如今依然能领会它们。西方关于记忆的思潮在过去50年里彻底改变。诸如认知心理、神经学等方面的专家给脑力研究提供了新的工具和方法，包括电脑试验、脑部扫描和先进的数据分析。研究中涌现出许多惊人的发现，如注意力系统的运作方式、短期记忆如何发挥作用、人们怎样回忆，等等。毫不夸张地说，我们正处在脑力研究的黄金时代，而其中的关键正是记忆力的研究。

这门新知识会让有志于提高记忆力的人获益良多。研究已经证明了诸如视觉、想象等特殊记忆技巧的优越性，同时也清楚地披露了我们该如何充分利用它们。科学家发现了一些在现实情况中提高记忆力的新方法，比如记住去完成任务或记住很久以前的事情。先进的科学提供了更好的方法来分析遗忘产生的原因以及采用怎样的策略能有效地提高记忆力。这些成果书中都有讲到。

○ 关于本书

本书立足于我多年的教学经验——我曾作为阿拉斯加大学安克雷奇分校心理学教授在学校和社区讲授了30多年的记忆课程。我发现，只要理解记忆系统的基本原理，人们就能有效地运用不同的记忆技巧，而记忆如何运行的主题正是本书第一部分的重点。在第一部分，你将了解到不同种类的记忆以及记忆技巧，了解到注意力如何增强或削弱记忆，了解到如何最有效地强化容易被遗忘的记忆，以及你是如何进行回忆的。

在本书第二部分，你将获悉如何把学到的技巧运用到具体情境——记住姓名、约会、事件、数字、购物清单、未来打算以及表演技巧等。我的目标是帮助你在没有智能手机、平板电脑和便利贴等外力辅助下提高记忆信息的能力。

我自己学到和教授的经验是，掌握记忆增强技巧的唯一办法就是使用它们。秘诀是一回事，实践又是另一回事。这引申出本书的一个重要特点：定期进行记忆技巧的训练。其操作如下：每一章的结尾，我会挑选出一个关键概念，并说明如何运用助记技巧来记住它。我把这部分称为"记忆实验室"，你可以在这里使用记忆策略。每一章会主打不同的技巧，因此你在"记忆实验室"部分可以训练所有的助记技巧。随着你的不断尝试，你会发现在现实情况中，不同的记忆策略会发挥出多么大的作用。同时，你也能从书中得到记忆方面的帮助。

　　你最终能从这本书中学到什么取决于你对技巧学习和练习的投入程度。和其他技能一样，除了熟能生巧之外没有捷径。但作为记忆技巧的教授者和践行者，我相信只要做好分内之事，你就能取得真正的进步。在此过程中，你会享受到好的记忆在现实生活里是多么有用处。

Part 1

基本原理
Basic Principle

第一章　记忆的四种方式

现代人对记忆的了解始于1953年8月25日。那一天，一名不计后果的神经外科医生给27岁的来自康涅狄格州的癫痫病人实施了根治手术。病人的名字叫亨利·莫莱森，这个姓名直到他去世55年后才公之于众，但其缩写H.M在一代又一代的记忆研究者中广为流传。他是有史以来最著名的患者之一，由于手术造成的严重后果，科学家得以对人类记忆的本质有了革命性的认知。

幼年时一场自行车事故造成了亨利的癫痫，并且随着时间推移，他的症状逐渐恶化。到上文提到的那场手术前，他每周要忍受10次左右的间歇性昏厥，偶尔还会完全发作。家庭医生将他转交到康涅狄格州哈特福特的一家医院。在这里，著名的神经外科医生威廉·斯科维尔负责他的治疗。

斯科维尔的专长是叶切断术，一种涉及切除脑前部的神经纤维的手术。他在诸如精神分裂症患者身上实施过300多例这样的手术。这是一种早就被弃置的有争议的手术。虽然它能让焦虑的病人平静下来，但也会让他们变得如同行尸走肉，无法正常生活。巧合的是，亨利来寻求治疗时，斯科维尔正在试验一种替代标准化叶切断术的方法。

斯科维尔相信，相较于传统的叶切断术，在被称为"边缘系统"的脑区动手术也许能产生比较小的副作用。同时，他对一种名叫"海马体"的组织非常感兴趣。当时，人们并不清楚"海马体"的功能——认为它可能和情绪或者嗅觉有关。基于这种猜测，斯科维尔将治疗亨利的重点放在了"海马体"上。手术干预癫痫的原理是通过切除或隔离特定的脑区来破坏引起痉挛的不受控制的神经信号。根据这一方法，斯科维尔计划切除亨利的"海马体"。一名癫痫治疗经验丰富的同事警告斯科维尔，这种手术不可能有用，而且会给病人带来巨大风险，但斯科维尔置若罔闻。

切除一个"海马体"（大脑两边各有一个）不会造成灾难，但令人费解的是，斯科维尔决定将患者的两个"海马体"连同周围的组织全部切除，从而确保这些组织不再产生功能。手术后，亨利刚被推回康复病房，灾难性的后果就出现了，他表现出严重的记忆问题。之后，更多的坏消息接踵而来：第二天，他的癫痫又发作了，尽管不如以前那样频繁。

鉴于斯科维尔的信誉，他没有试图隐瞒错误。他联系了以研究癫痫闻名的神经学家怀尔德·彭菲尔德，告诉他关于手术的事。彭菲尔德起初非常生气，但他很快意识到这起案例对科学研究的重要意义。他把整件事转述给研究失忆症的心理学家布伦达·米尔纳，她立即着手对亨利展开研究。

她的测试结果非常清楚：亨利无法形成新的记忆。正如米尔纳之后对记者所说的那样，"他聪明、和善、有趣，但他无法学会任何新知识。他的生活被困在过去，困在幼年时的世界。你可以说他的人生因为手术而停止了"。1957年，《神经学、神经外科学和精神病学》杂志首次详细刊登了亨利的损伤情况，其对亨利障碍的描述令人震惊：

迄今，病人的记忆缺陷没有得到丝毫改善，并造成了无数严重后果。10个月前，亨利和他的家人搬到了同一条街道的一个新住处，离原先的房屋只有几步路远。他能牢牢记住旧屋的所在，但他却一直记不住新家的地址，更不能独自找到回家的路。此外，他不知道经常用的物品放在哪里。比如，即使他前一天刚刚使用过割草机，他的母亲依然需要告诉他它在哪里。她还声称：他会日复一日地玩着相同的拼图游戏，但不会表现出任何玩过的经验；他会翻来覆去地读相同的杂志，但不会发现其中的内容有任何熟悉之处。病人当着我们的面吃了午饭，但仅仅半小时后，他就不记得刚刚吃过的任何一样食物了。事实上，他根本就不记得吃过午饭。

然而，米尔纳的测试显示，除了记忆力外，亨利的其他大脑功能并未改变。他的智商为112，与普通大学生的智力相当。他对手术之前的记忆生动、完整，且经常谈起那些早年的时光。他在理解抽象概念、解决逻辑问题和数学计算上也没有表现出任何的困难。

此外，亨利的短期记忆——拨打电话时记住号码或记住一个想法并进行表达的能力——并未受到损害。这表明，短期记忆系统独立于"海马体"控制的系统之外。除了严重的健忘，亨利在短期记忆机能的运行下能够正常使用语言进行交谈，也能适当地思考和观察。他知道他的记忆力因手术受损，也知道要经常从周围的环境中寻找线索来猜测人们对他的期望以及他接下来该怎样做。

米尔纳对亨利持续不断的研究还揭示出与他的缺陷有关的另一个令人惊讶的方面。20世纪60年代早期，她决定搞清楚亨利是否能学习新的动作技能。她让他看着镜子里的手，然后画出一个几何图形。这很复杂，因为镜子里的影像是左右颠倒的，但通过练习人们能学会该怎么做。米尔纳推断，只要亨利有所进步，就表明他记得手眼的动作技能。3天里，她每天给他几次机会描绘图形。右图显示了他的进步。

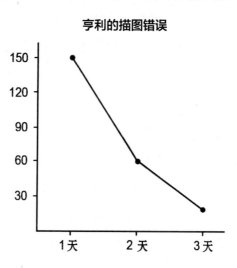

亨利的描图错误

每天他都会应对这一挑战，每天他都在进步。三天后，他已经能做得非常好，图形描得更准确，时间也用得更少。然而，尽管一直在进步，亨利却对做过的动作没有一丝记忆。他每天进行这项练习，仿佛之前从来没有做过一样。他生活的记忆被摧毁了，但他手眼协调的记忆却能正常运作。

这个实验戏剧性地揭示了人类各种不同独立记忆系统的存在，但这并不是什么新想法。在此之前，心理学家已经能够区分短期记忆和长期记忆的运行模式，可除此以外，没有什么有力的证据能证明特定记忆形式的存在。但现在有了。

起初，研究人员假定长期记忆系统存储的是各种过往经验，他们认为动作技能是一个特例，是对长期记忆的补充。但是，随着研究的深入，另一幅图景出现了。它包含长期记忆的几种形式，范围囊括日常活动中可见的主要系统到处理特殊情况的微妙的机密系统。我们接下来会重点讨论四种系统，它们中的任何一种都是长期记忆的独特形式，也是记住过去的独特方式。

亨利的手术影响到了四种系统中的两种："情景记忆"，即记住新"情景"，或诸如吃午饭和读杂志等生活事件的能力；"语义记忆"，即记住诸如护工的姓名和房间布局等新信息的能力。

著名的记忆研究专家恩德尔·托尔文早在20世纪70年代就对这两种记忆系统做了区分。这是现代记忆概论的基础。托尔文提出，情景记忆和语义记忆的区别不但体现在记忆的内容上，而且体现在我们如何回想上。

就情景记忆而言，它涉及回到过去再次体验之前发生过的一切。想想昨晚你吃过的晚餐。你能回到当时吗？你是坐在餐桌边用的餐吗？你吃了什么？它美味吗？你吃饱了吗？你用纸巾了吗？吃完后你是如何处理餐具的？要回答这些问题，你必须进入一种特定的情景记忆，大脑回到当时的场景去找出残留的视野、声音、味道和感觉。随着你专注于餐桌、餐具和食物，你会发现你是多么容易就能还原晚餐的方方面面，并重新感受当时的经历。托尔文认为，回到早先的活动的重新体验感是情景记忆区别于存储信息的语义记忆的典型特征。

现在，试着通过说出美国第一任总统的姓名来让你进入语义记忆。你知道一美元等于几美分吗？法国首都的名字？美国国旗的颜色？这些信息可能立即就浮现在你的脑海，比昨天吃的饭菜要想得快。这样的还原也是一种非常不同的体验。这种客观信息——你在记忆它的时候无须特定的地点和时间——不像情景记忆那样需要具备丰富的感官性。假如你问成年美国人他们是如何得知第一任总统是乔治·华盛顿的，你不会得到答案，他们就是知道。我们全都拥有丰富的语义记忆库——信息、概念、姓名、术语等——虽然不知道获取于何时何地，但一旦有需要就会记起来。

记忆的时间漫游

大脑的时间漫游是情景记忆和语义记忆之间显著的区别。在时间里定位过去的经验是一种复杂的认知活动。它始于我们的时间感，这种感觉本身也是一种高级能力。儿童几乎是进入学龄之后才能可靠地把现在作为过去和未来的区分点。但情景记忆需要更进一步，即更加了不起的脑力运算：回到过去某一刻并从个体视野对其重塑的能力。这种能力很重要，它揭示了时间在大脑中漫游的真相：我们的自我意识沿着时间线回到需要记忆的时刻，而我们无须丧失对现在的把握就能做到这一点。当看到去年夏天旅行的照片时，你也许会停顿一会儿，让情景记忆带你回到当时的探险中去，回想具体的经历，重新体验你的所做所感、所见所闻，然后才返回现在，继续一天的生活。

自我并不局限于回溯，它也可以前瞻。托尔文认为，对未来的想象和对过去的重塑，事实上在情景记忆系统中同等重要。我们不仅能记住过去的旅行，我们也能计划未来的旅行。计划、预期和空想类似于回想、回顾和追忆。这两种能力相辅相成。儿童通常会在五岁左右同时发育出回溯和前瞻的能力。记忆力衰退的老年人同样也很难想象未来。

情景记忆是我们最先进的记忆系统。它的作用过程非常复杂，因此会在童年时期最后形成，在老年时期首先衰退，并且最容易因疾病、颅脑创伤和氧气不足而受到损害。由于情景记忆的复杂性，科学家怀疑其他动物不一定具备同样的能力。托尔文认为，只有人类得以完全进化出这种能力，其他动物了解过去的方式相对而言十分有限。

信息的关联

情景记忆的独特价值丝毫没有削弱语义记忆的贡献，语义记忆是我们的知识库、字典和私人搜索引擎。它不仅能存储信息，而且还能在信息中间创造联系。这样一来，我们在回想一个信息或概念时，也能想到相关的信息。但语义记忆起源于新近的经历。我们在睡眠时，这些新的情景记忆会"重播"，一边加强记忆，一边识别变成语义知识的关联、关系和模式——比如乔治·华盛顿和第一任总统的联系。不止如此，新发现的信息同样能关联到我们知识网络里的相关信息。只要想到"乔治·华盛顿"，你就会立刻想起你在不同时期得到的相关信息。你知道他是美国独立战争时期的将军，他在小时候敢于承认砍断了樱桃树，他的面孔出现在美元钞票上。这是语义记忆的重要贡献。它不仅存储信息，而且还关联信息。

外显记忆

当我们提起"记忆"，通常想到的是情景记忆和语义记忆。心理学家把这两种记忆方式称作"外显记忆"，因为作为记忆，它们很容易得到我们的认可——毫无疑问这两种记忆的都是来自过去的信息。虽然都是对过去的回溯，但其他形式的长期记忆看起来不太像是记忆。想一想骑自行车的行为。尽管它是基于之前的学习，但感觉不像记忆——你就是知道怎么骑。随着如何骑车的信息浮现并暗中作用，你的身体自发地完成了骑车的动作。这些关于技能的记忆源于你首次骑车的紧张经历、你对拐弯和停车的掌握以及你在学会骑车前数个小时的练习。但你现在骑车的时候，你完全没有意识到任何记忆的存在：你只是自然而然地在做事。

科学家通过观察人们的行为而不是听人们的讲述来了解这种记忆。行为观察让米尔纳发现亨利能够学会新的动作技能。这种记忆被称为"内隐记忆"，因为它们隐藏在行为之中。两种形式的内隐记忆——技能、习惯和巴甫洛夫反射——在我们的生活中，和情景记忆及语义记忆同等重要。下面的图表明了本章中讨论的外显记忆及内隐记忆系统。

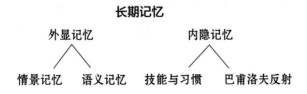

长期记忆

外显记忆　　　　　内隐记忆

情景记忆　语义记忆　　技能与习惯　巴甫洛夫反射

内隐记忆：技能和习惯

我们的日常生活极少用到外显记忆。我们系鞋带、做饭、吃饭、开车并避开障碍物，几乎不会去想我们该如何完成这些任务。这些程序化的技能和习惯建立在日积月累的内隐记忆上，需要用到的时候只要取出来就行。它们逐渐在反复试验中形成，即通过成功和失败来改进行为模式，并对其优化以提高效率。

近来，我对这一过程有了更深刻的认识，起因是我买了一双比旧鞋子尺寸稍大的鞋。我发现，当我由于鞋的前端绊倒在楼梯上时，我的动作调整得非常迅速。表面上，我已经习惯了穿着旧鞋子时腿部抬起的高度。但没过一会儿，记忆系统就将我的动作调整得更高、更安全。同样的过程在我们驾驶新车、使用新手机或学习烹饪新菜肴中都能看到。

早期痴呆影响的主要是情景记忆和语义记忆，因此与外显记忆截然不同的内隐记忆不会受到影响。这在患有阿尔兹海默病的罗纳德·里根身上表现得十分明显。1993年，第四十任总统里根公开了他患病的消息，他的身体在三年里受到了严重损害——他记不住每天做过什么事，他也认不出曾经和他共事多年的人。虽然外显记忆问题严重，但他还能打高尔夫、自己穿西装和打领带，而且行为举止非常绅士。访客到来时，即使不知道他们是谁，他仍会热情地欢迎。他进电梯时会后退一步，挥手示意女士优先。他仍旧保留着这些熟练的行为模式。

心智技能

很多重要的技能属于心智层面。通过多年的实践经验，医疗专家轻易就能对令人费解的疾病做出诊断。经验教会他们怎么查找和如何询问。单纯是"书本上的知识"无法应对这样的实际情况。和动作技能一样，心智技能也来源于经验。经验带给从业者一种信息无法企及的东西，它很难用语言描述，但能用来处理问题。比如，资深的放射医师与初级放射医师的区别就在于，他们能否迅速在X光片中发现异常情况，略过光片的正常部分从而专注于临床诊断的关键领域。同样，富有经验的电脑程序员培养出了一种发现软件设计问题的直觉，而初入行者只能循序渐进地一步一步寻找。专家在成功和失败中深深保留着与外显的实际信息无缝对接的内隐的技能程序，其特点就是"知道如何做（内隐记忆）"与"知道是什么（外显记忆）"的相互融合。

内隐记忆：巴甫洛夫反射

俄国心理学家伊万·巴甫洛夫的著名实验是另外一种内隐记忆系

统。在这个实验中，巴甫洛夫通过一套特别的实验装置给狗喂食，每次给狗送食物以前先打开红灯、响起铃声，这样经过一段时间后，大家都知道，狗一看见红灯亮起或铃声响起就开始流口水。这种内隐反射表明，动物的记忆能够将铃声和食物联系在一起。动物中普遍存在着这种原始记忆系统。

和动作技能一样，即使在外显记忆严重受损的情况下，巴甫洛夫反射仍旧能够正常运作。1911年，瑞士心理学家爱德华·克拉帕瑞德报告了早期案例。一名失忆症患者上一次见过克拉帕瑞德后，下一次再见的时候就不记得他了。每次会面，医生都要进行自我介绍，仿佛他们从未见过。病人的记忆问题是由慢性酗酒造成的，一种能彻底摧毁外显记忆的科尔萨科夫并发症。一天，克拉帕瑞德又进行了一轮自我介绍后，在手指间夹了一根大头针触碰病人的手，病人被刺痛了。晚些时候，等病人忘记刚才的事，他再次去触碰病人的手，但这次病人退缩了。他的记忆保留了针刺之痛与克拉帕瑞德的触碰之间的联系，尽管她不知道为什么害怕他的手。

巴甫洛夫反射与外显记忆有着显著的不同，前者通常低下原始、出于本能，后者则更加符合实际、聪明理智。一个遭遇严重车祸的人听见尖利的刹车声时可能会心跳加速、双手冒汗，肾上腺素激增。这些反射，是内隐记忆中无意识的生理反应。由于巴甫洛夫反射通常与外显记忆同时出现，尖利的刹车声也可能会让人连带想起车祸的细节，即进入一种有意识的情景记忆。这种情况有助于我们仔细研究经验，从而认识到本能反应是源自一种原始系统的记忆。在进化出自觉记忆之前的漫长岁月里，这种记忆对于生存在复杂危险世界里的动物来说至关重要，而且这种原始的记忆系统仍旧在像我们这样的高级生物中发挥着重要作用。我们在医生打针之前退缩，在最喜欢的餐厅里看着菜单流口水，听见朋友的声音露出微笑，听见警报声时变得恐惧不安。这些无意识的条件反射让我们为即将发生的重要事件做好准备。

多重记忆系统

不同的长期记忆系统的发现是革命性的进步，是现代记忆研究的基础。科研人员因此能探索更加微妙的问题，发现不同种类记忆的独特原理。科学家发现，基于经验的情景记忆自30多岁时会随着年龄增长而逐渐衰退，基于信息的语义记忆在60多岁之前会随着年龄增长而不断提高。

新发现同样也为人类记忆与心智进化一致的观点提供了佐证。比如，程序记忆和巴甫洛夫反射都源自记忆过去的原始系统，两者同时存在于动物之中。另外，外显记忆更加高级，它取决于新进化的神经功能，并且能支持如语言、推理和解决问题等复杂的行为方式。

多重记忆系统对人类意义重大,通过识别我们能够保留和使用过去的某些方面,它能提升我们的利益。每种记忆系统捕捉的信息和目标各不相同。有些记忆是有意识的,有些记忆是无意识的;有些记忆存储具体事件,有些记忆把它们融合在一起;有些记忆系统与大多数动物类似,有些记忆系统只存在于高级生物之中,有一种记忆甚至只有人类才具备。

接下来的章节里,你会更深入地了解到这些系统如何运作以及怎样得到提高。不过,长期记忆只是一部分。第二章里,我们会讨论短期记忆,或者叫"工作记忆"。它能让我们有效利用需要的信息来应对当前的活动,不管是表述一个想法还是准备一顿饭。

记忆实验室:两种图形视觉记忆法

每章结尾的记忆实验室可以让你尝试不同的记忆技巧。首先,我要介绍通过视觉想象来帮助记忆的图形视觉记忆法,并用一种能让你记住四种长期记忆系统的方式来阐述它们。

历史经验证明,图形视觉记忆法是学习记忆技巧的一个恰当开端。古代的记忆大师了解它们的力量,也非常强调它们的重要性,以至于大多数经典记忆技巧中使用的都是视觉想象。公元前55年,以西塞罗为代表的很多古人写道:"我们所有的感官中,最敏锐的是视觉。因此，如果耳朵或其他器官接收的信息能够通过视觉传达到大脑，它们很容易就能被记住。"

若要将西塞罗的建议付诸实践，第一步就要识别需要记忆支持的信息。前文的图显示了外显及内隐四种记忆系统的结构。这足以帮助你记住记忆系统，但我打算用更多的图像对它进行补充，这样我就能引入两种构建视觉助记法的有效方式。

○ 直接视觉联想助记法

你可以在头脑中想象这样一幅画面，束缚在巴甫洛夫装置里的一条狗正在接飞盘。飞盘意味着技能和习惯记忆，狗意味着巴甫洛夫反射。如果你能想象并记住这幅画面，你很容易就能记住这两种记忆系统。这种创造视觉记忆的方法，关键是要在图像和你试图记忆的内容之间找到一种直接的关联。

○ 替代词助记法

情景记忆和语义记忆这两种外显记忆方式如何借助视觉记忆呢？我们立刻发现了直接联想的局限性。图像怎么能提示"情景记忆"呢？它是一个抽象术语，而视觉助记用的是具体图像。

这是使用视觉图形记忆法的常见问题：我们想要记住的内容并不能都被视觉化，因此直接联想也并不总是可行的。不过，我们有变通的方案，即一种叫作"替代词技巧"的策略，它也叫"关键词助记法"。这种方法在记忆大师中流传了几个世纪。运用这种方法时，我们寻找一个听起来像抽象词的具象词，然后再为具象词创造一个视觉线索。视觉图形帮助我们记起具象词，它的读音则帮助我们记起抽象词。其应用过程如下：

记起视觉图形 ⟶

记起具象词 ⟶

记起抽象词

这里，我选择exotic salmon（异国鲑鱼）这个词作为episodic（情景）和semantic（语义）的替代词，因为它们的读音相似。要记住两种外显记忆系统，你只要想象异国鲑鱼的形象（exotic salmon），这两个词的读音就会帮你记起episodic（情景）和semantic（语义）。

○ 技巧的使用

我把上文提到的巴甫洛夫的狗接飞盘的画面和鲑鱼的形象合成了

一个助记图像。请努力想象一下，因为接下来我会要求你对其进行重新想象创造，并把它用作记忆提示。

然后，请闭上眼睛回想图像。开始时从远处观察，这样你会看见两部分并排在一起的整幅图像。随后，请放大鲑鱼图，并在脑海中仔细查看。回想两个替代词，通过它们记起两种外显记忆系统。自由自在地联想，以便你能回顾这两种图像的特点。接着，请缩小鲑鱼图，切换到狗的图像重复刚才的过程。如果你发现图像支离破碎、模糊失真，没关系，尽可能让它们清楚就好。随着你在接下来的章节中的练习，你的视觉想象也会有望得到改善。

这种助记方法会带来多少好处？这取决于视觉提示对你的效果以及你记忆助记法的程度。我在之后的章节会对这两个要求进行深入探讨。

○ 关于图形视觉

人们在描述视觉想象的生动程度上差异很大。有些人描述得详尽具体、色彩鲜明；有些人描述得粗糙不堪、苍白无力。幸运的是，研究表明，本书提及的图形视觉技巧并不需要很高的想象力。不管想象力丰富与否，你都能获得相同程度的记忆改善。此外，你还可以通过练习来提高想象力。记住，你在想象图形时，大脑的运转机制与现实视觉相同。所以,基本配置已经具备,唯一的问题就是学会使用它。它也值得你去学,因为视觉想象不仅是一种有用的记忆工具,也是一种充实的精神体验。

第二章　工作记忆：不单指短期记忆

　　为了应对日常生活，我们同样需要短期记忆，就像我们需要上一章讨论的长期记忆系统一样。当你听到一长串电话号码时，短期记忆能让你记住按哪几个数字。你在按照说明书组装新书柜时也需要它。短期记忆保存着我们把事情做完的细节。由于短期记忆与完成任务关系密切，心理学家不再孤立地看待它。他们用术语"工作记忆"来描述整个过程，既包含记忆细节也包含任务实施。吉姆·丹尼尔斯写了一首诗，跟着诗中所描述的忙碌的厨师，你就会发现工作记忆的运转过程。厨师有一个大单子要应付，这意味着他得一边烹饪一边处理信息。

　　快餐厨师

　　进来一个大众脸点了30份汉堡和30份炸薯条。

　　我在动手前要先等他付钱。

他付了钱。

他可真是不简单。

这个烤架一排三个足够放十排。

我使劲放好汉堡，向深深的炸锅里扔两桶薯条，它们滋滋地叫……

滋……

柜台女孩大笑。

我专心致志。

现在可是关键时刻——轮到奶酪上场了：

我抖着手扯下薄片，

把它们扔到做好的汉堡和薯条上，

填满薯条桶，准备好汉堡，

把融化的奶酪拨进小面包，用打包纸裹好汉堡包，

放进纸袋里，炸薯条，落下来，装满30个纸袋，

把它们送去柜台，用袖子擦干汗珠，

对着柜台女孩微笑。

我挺起胸膛大声喊：

"30份汉堡，30份薯条！"

她们好笑地看着我。

我抓起一把冰块扔进嘴里，

跳完一段舞蹈走回烤架边。

压力、责任和成功。

30份汉堡，30份薯条。

为了完成这份大订单，诗歌的主角需要短期记忆、专注和规划。可以肯定的是，记忆在其中必不可少——记住订单，记住工作计划，记住肉、小面包、薯条和奶酪的位置。但规划、专注和后续跟进同样重要。这些功能在满足即时挑战的紧密集成的工作记忆系统中得到实现。

工作记忆帮助你查找电话号码并在拨号时正确拨号，帮助你在点比萨时记住"两份加蘑菇，一份加胡椒，还有一份加小银鱼"；工作记忆能让你在商店里走来走去地比较不同商品的价格，然后选出最物美价廉的一件。工作记忆还能帮助你专注地在网上搜索和阅读搜索结果。某种程度上，成功的搜索取决于工作记忆系统的能力，它让你牢牢记住目标，不会分心于推送新电影的彩色广告或提供免费理财建议的弹出消息。

工作记忆对于理解语言来说尤其重要，因为语言非常自然——你在读课文或听讲座时，每次只会想到一个词语。工作记忆收集这些词语并把它们保存起来，这样你就能理解读到或是听到的意思。你在说话时，工作记忆帮你集合想法、构建表述，同时找出你要说的词语。如果有什么延误，你就会处于忘记要说什么的尴尬境地。

工作记忆使我们能制订计划、控制注意力和实施行动，一直在为我们用到的信息提供临时的记忆存储。它的特点之一是灵活性。由于完成一件工作有很多种方式，因此必须具备灵活性。有趣的是，这种灵活性还延伸到了人们记忆信息的不同方法上。我在记忆课上要求学生在几秒内记住数字并把它们写下来时见过这样的例子。我也许会给他们看数字"1081359"。多数人说他们是按照语音"108，1359"进行记忆的，但大约10%的人说他们是通过视觉记忆的，就好像他们把数字在脑海里看成一幅画一样。偶尔，也会有个别人通过把它输入手机时的拇指动作来记忆。显然，人们在使用工作记忆时有很多选择。

但这些不同的选择并没有穷尽所有可能。人们同样可以把数字和其他信息联系起来，让记忆变得容易。一名女性在这个特殊数字中发现了她母亲的生日（1959年8月13日）。因此，对她来说，1081359变成了10+8/13/59，也就是"10+妈妈的生日"。一旦建立起这样的联系，她在记忆时就毫无问题了。这些例子表明，工作记忆并不是信息的被动存储。在工作记忆处理信息的过程中，我们每个人都能发挥积极的作用。而具体格式的使用也许取决于我们的个人特长——比如视觉天赋和语言天赋——或者取决于相似情况下的过往经验。

工作记忆如何运转

研究人员认为，工作记忆是两种独立层次的脑力活动的结果。其中一组活动叫作"执行过程"，它们管理工作记忆的使用。这些活动包括专注、计划和后续跟进，正如我们在厨师身上看到的一样。执行过程会使人脑最高级的部分——我们高度进化的额叶开始工作。工作记忆的第二活动层次是保存和处理信息的记忆存储组件。工作记忆在这里用内部语言、视觉想象或与你所知信息的关联来保存数字。

　　下图是颇具影响的英国研究人员艾伦·巴德利的工作成果，它显示了这两种层次的脑力活动——在上的执行过程和在下的不同存储方法。短期记忆的两种形式，语言和视觉，能以语音或视觉的格式保存信息。也有其他类型的短期存储——比如记忆肌肉运动——但语言和视觉这两种形式是研究最多的，所以我在这里强调它们。关联长期记忆也很重要。虽然工作记忆系统都是关于处理当前工作的短时信息，但长期记忆可能意义重大，我们可以从使用母亲的生日来记住数字的女性身上看出这一点。

工作记忆系统

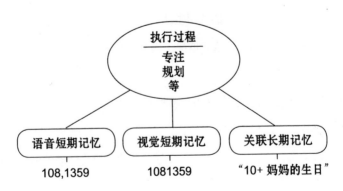

工作记忆系统

为了领会工作记忆系统在现实中的运作方式，让我们回到快餐厨师身上，他准备和装盘了30份汉堡和30份炸薯条。他可能根据语音记住订单（也许是"30和30"）。其他细节可能以视觉形式记住，诸如篮子里还有多少薯条等等；还有一些则可能是通过肌肉运动被记住，比如他把刀放了哪里。他极可能为总体工作规划调用了长期记忆，并在执行过程中对完成订单的一切活动进行管理和排序。

这段时间，他的即时意识体验再现了工作记忆系统的运作情况。当他的注意力从烤架转移至炸锅时，炸锅里的油花响声成了他精神世界的中心，一直到他的注意力重新回到烤架去看汉堡是否可以加奶酪了。研究人员认为，工作记忆的运作决定了我们每时每刻的意识——它似乎是意识的源泉。

工作记忆能存储多少信息？

工作记忆存储有限。假如需要拨打一个像15146194358这样的号码，多数人必须看上不止一遍才能记住。与被认为是无限存储的长期记忆不同，工作记忆一次只能存储少量的信息。多数说英语的大学生能记住7至8位数字，看一遍能记住的购物清单局限在3到4项内容。对于复杂、陌生的姓名，比如乌克兰城市新莫斯科斯克（Novomoskovsk），那就是工作记忆能应付的极限了。

这种局限不仅取决于内容，也取决于个体，因为人们的工作记忆能力各不相同——差异性的影响重大。心理学家测试记忆能力的一种方法是要求人们听数字，然后把它倒着说出来。比如，一个人听见的数字可能是"78056"，但回想时要说"65087"。这比简单地重复数字要难得多，对工作记忆要求很高。测试开始时，会要求倒着重复两位数字，随后数字逐渐增加，直到测试对象无法完成为止。

由于倒数测试经常作为智力测试的一部分，因此在分数上形成了巨大的数据库。下页的曲线图就来自这样的数据库。黑色实线表示倒数测试的平均水平，上下两条虚线表示人们在测试中展现出的巨大能力差异——90%的人高于平均水平，10%的人低于平均水平。

"平均"曲线显示了工作记忆能力在年龄上的不同。注意，工作记忆能力在童年时期增长，至20多岁时到达顶峰，然后开始缓慢长期地衰退。到80多岁时，工作记忆能力从最高的近5位数跌落到约4位数。在比较困难的记忆条件下——比如一次处理两个任务，年龄的影响会变得更大。但总的来说，在像这样的测试中，工作记忆能力显现的是一种随着年龄增长而缓和衰退的迹象。

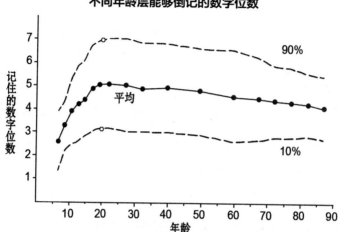

不同年龄层能够倒记的数字位数

实心圆代表所有测试对象的平均成绩。

两个空心圆表示90%和10%两个群体中年龄在20岁的测试对象的预估倒数记忆能力。

令人惊讶的是，考虑到老年人对短期记忆问题的抱怨，虽然这种衰退并不显眼，但曲线图表明他们的主要困难很可能不在于自身的记忆存储能力，而在于工作记忆的另一个特点——专注。

要了解这一点，可以想一想这样的事：有人从柜台前去厨房拿橙汁，结果却发现自己站在冰箱前不知道要干什么。最可能出现的问题就是，她的注意力在前往厨房的途中从橙汁分散到了其他事情上去了——也许她看到了一盆需要浇水的花，或者她想到了一通要打的电话。工作记忆中这些有意识的想法取代了橙汁。她到达冰箱时必须要还原本来的目的。但它却并不在工作记忆里，因为胡思乱想占据了专注系统，所以她必须从别的地方找到它。如果幸运的话，她会在长期记忆里找到它。否则，她只能回到柜台边看看是否能想起来。只要她想起来，橙汁会再度进入工作记忆系统，并成为清醒的意识。一般来说，导致老年人健忘的不是工作记忆的存储能力，而是注意力分散。我们会在下一章讨论注意力的问题。

上图的重点并不仅仅表明工作记忆是随着年龄的变化而变化的，图中的虚线还显示了同一年龄层的人群在记忆能力方面的巨大差异。仔细看20岁人群的记忆。我用空心圆表示90%和10%的测试对象中各一名20岁年轻人的成绩。他俩的记忆力天差地别——相差超过两倍！这么大的记忆差必然影响重大，事实也是如此。

工作记忆能力的不同关系到你在许多智力需求情境下的表现。对大学生来说，工作记忆能力测试可以直接预测他们的阅读理解成绩——那些在测试中取得高分的学生能想起阅读段落中许多的细节。这些学生同样能更好地利用上下文来理解陌生单词的意思。在推理能力测试中，工作记忆能力强的成年人通常能更快地得出正确结论。如果学生在工作记忆能力测试上取得高分，他们就能更快地掌握计算机语言。

在一项针对飞行员的研究中，工作记忆能力强的飞行员展现出了更好的"情境意识"，这是飞行员对飞机周围的情况、其他飞机的位置、仪表读数和飞行控制设施的一种掌控能力。飞行员的经验越少，工作记忆能力就越重要。

　　工作记忆能力与表现之间的关系使得它与基础智力之间的联系发生了动摇。事实上，研究表明工作记忆能力只与一种特定的智力关系紧密相关，即逻辑思考和解决难题的能力。这种能力被称为"液态智力"，可以通过类似下图所示的问题来进行测试。它与工作记忆的联系极其牢固，以至于曾有人推测两者实际上是同一种能力。尽管多数研究人员表示这种说法太过夸张，但两者之间无疑有大量的共通点。证据表明，在工作记忆能力测试中表现出色的人，同样很擅长解决问题、获得新技能，并且在智商测试中得分很高。

测试"液态智力"的典型问题

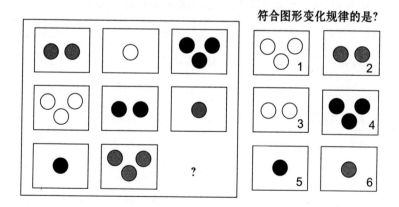

　　虽然工作记忆能力很重要，但日常生活对其并没有过高的要求。和快餐厨师一样，我们大多数人都能努力进行规划和统筹来满足职

责的需要。只有在异常或需要智力的情况下工作记忆能力才至关重要——比如第一次尝试制作奶酥，需要遵循复杂的步骤和精确的时间。此外，虽然工作记忆能力强的人能够轻松处理这些情况，但其他人也能成功应对。我们的经验和知识积累越多，工作记忆能力就越显得不那么重要。在大多数情况下，知识、经验和记忆技巧比原始能力对工作记忆的影响更大。

工作记忆里的分块和组合

研究人员在实验室测试工作记忆能力时，采用的是诸如倒记数字的方法，因为他们要判定的基础智力不能受到过往学习经验的影响。但日常生活中少有陌生的情况，我们通常可以运用经验来改善表现。比如，如果你要记住电话号码18002753733，你可能不会一长串地记，而是分成四组记：1-800-275-3733。数字分组是我们在记忆电话号码、社会安全码和信用卡号码过程中学到的一种策略。这种信息的重组被称为"分块"，是扩展工作记忆能力的一种有效方式。

长期记忆的支撑会让"分块"更有效。使用母亲的生日来记住数字的女性证明了这一点。与其他知识关联能够帮助记忆新信息，这是记忆术的总体原则。因此，相比直接记忆"18002753733"，"1-800-275-3733"的记法确实是一种进步。但更有效的一种分块是"1-

800-ASK FRED"，十一位数字缩减至两组——"1-800"和"ASK FRED"，前者基于我们打电话的常识，后者源于我们了解的一个有意义的短语。这种技巧不仅能帮助我们在工作记忆里存储数字，还能让它在长期记忆里取得一席之地。这样一来，我们就再也不用依赖工作记忆来想起它。

分块可以有意为之，比如电话号码和生日，但它也能自主发生。一名专家在学习新的专业知识时，毫不费力地就能把它和已知信息联系起来，从而增强了记忆。以一个正在观看棒球赛的热心球迷为例。这种观看比赛的行为不是偶然出现的。丰富的比赛知识让他有许多机会通过关联新信息和已知信息来进行分块。和棒球新手相比，该球迷在记忆比赛上拥有巨大优势。

戴维·汉布里克和兰德尔·恩格尔针对专业知识记忆做了一项测试，他们集合了181名年龄在18岁至86岁之间的具备广泛棒球知识的测试对象。在评估了参与者的工作记忆能力和棒球知识之后，研究人员让他们听了几分钟虚拟棒球队之间的模拟比赛广播。以下是部分摘录：

现在是拉里·雅各比击球。他今年创造了300个击球、100个打点。这对新手来说还不错。游击手移动到牵制出局的位置，外场手向左面回转。球投出来了——挥棒猛打，是滚地球，球向内场左面滚去。游击手扑上去阻止球滚向外场。

画线短语表示后来测试的信息。什么对参与者的记忆影响最大？他们的工作记忆能力？他们的比赛知识？他们的年龄？汉布里克和恩格尔用统计分析方法评估了每一个因素对记忆的影响，下面的柱状图显示了他们的评估结果。显然，棒球知识越丰富，他们记得就越多。相比棒球知识，工作记忆能力和年龄尽管也和记忆容量相关，但影响非常小。

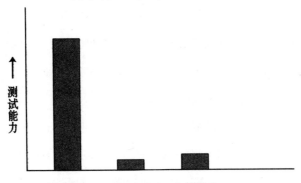

对记忆棒球比赛信息能力的测试

这证明，相关知识在记忆中作用重大。一名经验丰富的球迷会知道新手雅各比的分数表现远远超过"还不错"——这成绩非常了不起，因此雅各比击出一个有力击球不奇怪。对这名球迷来说，雅各比的新手地位、他的分数表现以及击打联结成了一个有意义的分块。该球迷也能明白"牵制出局"这个细节，而且很可能想象出一幅球员们如何为其寻找定位的画面。这一切都是自然发生的，球迷用丰富的比赛知识捕捉和记住了很多细节，毫不费力地把新信息和已知信息联系在了一起。

由于信息和分块不仅自身具有意义，而且还符合比赛的总体结构——局次、得分、出局、跑垒，因此球迷还能获得其他好处。在一场熟悉的棒球比赛中，每个活动都在发生作用，这会把球迷听到的内容组成一个有意义的故事。当需要回忆时，球迷用比赛自身的记忆结构来获取信息。这是只能孤立记忆信息碎片的棒球新人所没有的优势。

同样的，熟练的机修工掀开一辆问题汽车的引擎盖查看软管、电线等物体时，他们看到的是一整套合理相连的系统。这种视角对工作记忆的要求最小，从而解放脑力来诊断和解决问题。但机修工新手做不到这一点。高级厨师和初级厨师对复杂新菜谱的理解力截然不同，前者的工作记忆更加出色。象棋大师对棋盘局势的掌控水平比新手更高，而这种记忆优势会更好地决断出下一步棋该如何走。这些例子里，过去的经验减轻了工作记忆的负担，因而取得了新手不可能取得的成功。

分多少块？

分块和组合提高了工作记忆和长期记忆的能力，但工作记忆的容量存在上限，即使专家也一样。记忆研究人员尼尔森·考恩通过分析得出结论，无论什么内容，成年人工作记忆的分块最高都是3到5块。虽然分块有助于我们打包信息，但它无法绕过我们能同时记住多少的根本局限——通常是4块，有时候还要更少。这意味着虽然大多数人能记住数字1-800-275-3733，但要记住1-800-275-3733-3283就比较困难。

○ 本能和工作记忆的培养

我们发现工作记忆有两种情形。一种出现在异常情况下，即我们面临陌生问题或需要学习技能时。工作记忆能力强的人在这些情况下具有优势。这方面的工作记忆似乎很难改变，在某种程度上也许是继承而来。

工作记忆得益于知识和经验的另一情形更加灵活，在熟悉的情况下会让天赋能力黯然失色，其核心就是可以提高记忆能力的分块和组合的运转。这让工作记忆从本能的局限中解放出来，并通过把内容分成4块将其提升到一个新的水平。

提高记忆的技巧同样依赖分块和组合，我们在上一章中举了一个例子，在那个例子中，记忆系统被编成两个分块，并被组合成一张可视化的图像。

创造和使用这种记忆术时，工作记忆处于核心位置。创造短语时，执行过程决定采用哪种记忆术。它们提供计划、想象、识别分块的能力，同时找到匹配的图像。工作记忆的视觉和语音记忆区域对可能的方案进行评估和改善。使用记忆术时，工作记忆记住图像，并从长期记忆中调用图像提示。

下一章，我们会研究工作记忆最重要的一个执行过程——专注。这是面对打扰时全神贯注于任务对象的能力。专注对于记忆日常生活和记忆技巧都必不可少。虽然专注与记忆有关并不令人惊讶，但你也许会吃惊于这种关系发生的方式。

○ 记忆实验室：图片优势效应

视觉想象之所以广受历代记忆大师和记忆教师的欢迎，其中一个原因是视觉是人类一种非常强大的感官。这种强大的视觉能力与我们的灵长类祖先有直接的关系。据研究人员估算，灵长类动物大约有一半的大脑皮层参与处理视觉信息。这让视觉感官系统成了我们特别好用的硬件设施。

心理学家所谓的"图片优势效应"正是人类视觉优势的一个实际应用。仅仅把信息从语言格式转化成图片格式就能帮助记忆。典型的例子是，人们被要求学习诸如领带、线轴、火车、猪和针之类的词语——全部是具体名词——他们想要努力记住它们一段时间。这些词语有时以文字的形式出现，有时以图片的形式出现。持续地研究发现，词语以图片的形式出现时，人们记得更牢固。

这一章的记忆实验室，我邀请你试试这种方式，以一种更直观的方式来记忆我们讨论过的工作记忆理论。首先，请看下面的图——我之前用文字的形式呈现了所有基本信息。图片优势效应表明，如果它更形象的话会更容易记忆。

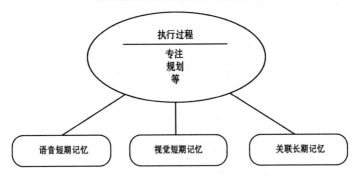

下页的图里，图像代替了理论的关键部分。手电筒代表专注，简图代表计划，耳朵、眼睛和连接长期记忆的插头描绘了理论的3种记忆方式。但很重要的一点是：我选择这些特殊的图像是因为它们对我有用。图片优势效应起作用的前提是，图像必须对你有意义，这样你在想起它们的时候才能知道它们代表什么。如果发现我的图像对你毫无作用，请随意替换成你自己的图像。

以图像形式呈现的工作记忆系统

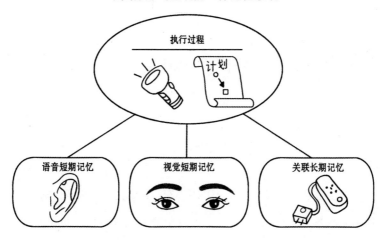

　　尝试用这一图像来帮助记忆理论。首先，你必须牢牢把它"画"到记忆系统里。最好的方法是进行回忆训练。仔细看新的图像，然后闭上眼睛开始回忆。开始的时候从远处观察，这样你可以在脑海中看到它的整体，而不是关注具体细节。随后，放大不同部位，回忆它们代表理论中的哪一种。

　　几天后，你可以通过测试你对理论的记忆程度来检查这样是否有用。为了让该助记法的效果持续时间更长，你可能需要多次练习。我们会在后面的章节里探讨怎样做更好。

第三章　专注：好记性的秘诀

1967年一个8月的夜晚，加州大学洛杉矶分校罗斯弦乐四重奏乐团的小提琴手戴维·马吉茨在10点左右排练完几首贝多芬的作品，他走向汽车，准备回家。他带着一件价值80万美元的珍贵乐器——别人捐赠给加州大学洛杉矶分校音乐系的一把18世纪的斯特拉迪瓦里小提琴。回家途中，马吉茨在一家便利店买了牛奶和橙汁，然后开车去南帕萨迪那的格斯烧烤吃夜宵。在驶回科威尔大约15分钟后，他发现小提琴不见了。他惊慌不已。

不幸的是，他不确定小提琴起初是否就在车里。"不见后的几个小时里，我什么都不能确定。"他后来说，"你会想到各种各样的事情。"夜里12点40分，他在报警时说道，他很可能把小提琴忘在车顶上了。

但马吉茨左思右想后，确信他把小提琴放进了车里。"我记得我放下东西后才开门。"他后来作证说，"我记得我先后在车里放了公文包、空的小提琴箱、乐谱架和小提琴。"这两种潜在可能性之间的差别关系重大，因为它将决定这是一起盗窃还是遗失。如果是盗窃，那么发生地点会是便利店，因为这是他离开科威尔之后唯一一没有锁车门的地方。如果小提琴是从车顶掉落，很可能是发生在他驶出停车场的过程中。但令马吉茨沮丧的是，他记不清到底是把小提琴放进了车里还是在放其他东西的时候把它忘在了车顶上。他没能记住关键信息。

马吉茨和加州大学洛杉矶分校用尽一切办法想找回小提琴，在报纸上登广告，给典当行和乐器店发启事，联系警察和联邦调查局。但27年过去了，小提琴依然没有找到。1994年的一天，一名小提琴老师带着一个学生的乐器来到一家专业的小提琴修复店。店主很快意识到这把小提琴很特别，可能是斯特拉迪瓦里的真品。留存下来的斯特拉迪瓦里小提琴都被拍成照片编入目录，这把小提琴也是一样。根据早期的一名拥有者，它被命名为"阿尔坎塔拉公爵"。这件乐器被认出后，很快就被证实是加州大学洛杉矶分校丢失将近30年的小提琴。

原来，这把小提琴是这名学生从她的前夫处得到的，而她前夫则是从他的姑母处得到的，她是一名会拉小提琴的退休西班牙语教师。1979年，这位姑母在弥留之际，从床底取出小提琴赠给她的侄子，说是在高速公路的匝道旁边发现的。经过长时间谈判和现金补偿，这把斯特拉迪瓦里小提琴重回加州大学洛杉矶分校，一直保存至今。

我们的问题是，为什么马吉茨回忆他是否在那个8月的晚上把小提琴放进车里会如此困难。他确实记住了许多细节——去了哪儿，买了什么，是否锁了车门，在哪儿停车。然而，当轮到最应该重视的物品时，他却记不清了。

关于马吉茨的记忆缺失，最可能的解释就是本章的主题——专注。途中那些有他参与的部分形成了后来供他被问询时的有用记忆，但那些在他注意力分散时发生的部分形成了不可靠的模糊记忆。由于往车里放东西是一种熟悉的、几乎机械化的行为，他的注意力很容易被分散。他可能在想其他东西。他能在表演前及时纠正排练中出现的问题吗？他应该停下来加油还是等明天早上再加呢？我们不知道，但任何能转移注意力的事物都会影响我们的记忆效果。

当你不记得钥匙放在哪儿，是否关掉炉灶或者是否吃过药时，你就会发现这一点。虽然我们通常会说"我忘记把钥匙放在哪儿了"，但"忘记"这种说法并不妥当，因为你没什么可忘记的。由于在行为发生时你没有注意，因此原本就没有形成有效记忆。

注意力和记忆的关系不是什么新发现。19世纪末，《思想词典》的作者泰伦·爱德华写道："好记性的秘诀是专注。"此后，进一步研究后发现了注意力的运作方式，但情况并不像爱德华说得那样简单。其中一个重要发现就是，注意力有多种不同的种类，每一种都影响记忆。爱德华提到的注意力形式如今被称为"自上而下的注意"。

马吉茨当晚的许多行为都需要这种注意力——去便利店、决定不锁车门、开车去格斯烧烤，没有一种是不假思索就能完成的常规情况。它们都需要以创建外显记忆为必要条件，即执行活动、有意识的目标和自上而下的注意。如果马吉茨在放小提琴前需要整理后座上的东西，就不会记不住。由于没有可供依靠的良好习惯，他不得不运用工作记忆的执行过程制订一个规划，然后处理混乱无序的必需品，好给乐器腾出空间。这会形成对所发生事件的可用记忆。

因此，避免陷入马吉茨式窘境的最好方式就是设法唤起自上而下的注意。这很简单，你可以在放钥匙的时候故意对自己说"钥匙在桌上"，关掉炉灶后在烧嘴处摇一摇，或者吃完药后把药瓶放到别的地方。总之在你的常规活动中，至少要做出一个有意识的深思熟虑的行为，从而激发你自上而下的注意以增强记忆。

自上而下的注意对工作记忆和长期记忆均有帮助，但工作记忆和注意力之间的关系尤其紧密，因为自上而下的注意是工作记忆的根基。信息在接收自上而下的注意时进入工作记忆，而工作记忆的信息存储量取决于注意力的专注程度。你在问路的时候会想到这一点。如果路程很复杂，你最好集中注意力听，否则会漏掉指路说明。

认知研究人员兰德尔·恩格尔、迈克尔·凯恩以及他们的同事为工作记忆和注意力之间的关系提供了最佳证据。他们知道大学生在工作记忆能力方面有所差异，于是设计了一项研究来调查该结果与学生注意力控制之间的密切程度。下面显示的是他们的一项注意力测试。

学生看着电脑屏幕中间的一个标志，当一个符号从标志左侧或右侧闪现时，他们必须立即将视线移到屏幕的另一侧——也就是说，他们的视线必须离开闪烁的符号。这并不容易，因为眼睛天然喜欢追踪闪烁的对象，你需要牢牢控制住注意力才能看向其他方向。表面上，这似乎和工作记忆没什么关系，但如果注意力是其根基，那么学生控制注意力的能力应该能预示他们在工作记忆能力测试里的表现。事实也是如此。擅长控制注意力的学生，工作记忆能力也很强。

为什么会这样？注意力控制和工作记忆之间到底有什么关系？普遍接受的解释是，专注是防止分心消耗工作记忆资源的必要元素。能够控制好注意力的人在进行工作记忆测试时——如倒记数字——优越的注意力控制能让他们专注于数字，将所有的记忆能力用于测试内容，结果就是他们做得很好。但如果注意力控制变弱时，诸如房间里的嘈杂声或胡思乱想等无关内容进入工作记忆，并削弱记忆数字的能力，这时他们测试的分数就会很低。大量的研究表明，工作记忆存储有用信息的数量取决于保持专注的能力，因为这样它那有限的容量才能专门保留给相关内容。

为了更好地理解该观点的含义，想象你正在星巴克喝着拿铁，看小说。如果其他顾客在高谈阔论，或者咖啡厅里放着背景音乐，你的注意力就会被转移。它会立即转向旁边的对话，你听见的谈话内容会进入你的工作记忆，消耗其有限容量的一部分，取代了小说的内容，然后你发现你得重看一遍刚才看过的句子。总而言之，充分利用工作记忆其实就是保持专注力的问题。

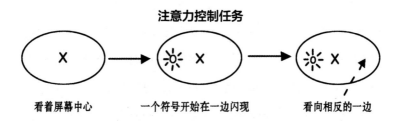

注意力控制任务

看着屏幕中心　　　一个符号开始在一边闪现　　　看向相反的一边

长期记忆在创建新的事件和记忆信息时也需要自上而下的注意。但它在长期记忆中发挥的作用与在工作记忆里不同，因为专注是形成长期记忆的唯一途径。包括记忆的重要性、与之相关的情感以及记忆的使用频率在内的其他因素决定了新记忆的牢固程度。你会关注多数的日常活动——今天吃什么，昨天穿了什么，你出门的时候爱人说了什么——所以它们一开始会存储于你的长期记忆系统中，但几天后它们就会被忘记，因为它们是孤立的无关紧要的事件。专注不能保证新记忆永远存在，但没有自上而下的注意，它根本就不会存在。

注意力的其他形式

自上而下的注意不是注意力的唯一形式——其他注意网络同样会影响我们的专注力。这些敌对网络能和自上而下的注意一较高低，并且能破坏它所支撑的记忆运作。在我们研究这些闯入者之前，请先记住一点，即如果自上而下的系统是我们指挥注意的唯一方式，那将会是一场灾难。要了解这一点，让我们回到过去，想象一只食肉动物正在朝着我们一名正在采摘浆果的史前祖先移动。他注定会成为这只动物的午餐，除非某种异常的声音或动作的阴影转移了他对浆果的注意力，并且感觉到威胁来临。这时，自下而上的注意出场了。自下而上的注意检测到的可疑声音会立即中断采摘浆果的动作，让采摘者的脑力资源聚焦在他所面临的危险上。

这两种注意力形式同时进化，以满足不同的目的。一方面，注意力必须锁定当前的任务——比如采摘足够的浆果当作午餐。但如果有异常情况发生，比如危险动物的出现，它也必须立即转换焦点。这是一种微妙的平衡。如果自上而下的注意被太早打断，我们的祖先会分心和没有效率，但如果自下而上的注意太弱，他就会葬身于肉食动物的腹中。注意力系统是为了平衡这两种需求进化微调的结果。

广告商知道，自下而上的系统专门让你远离正在做的事情。那些在你阅读文章时从屏幕边缘跳出来的广告在转移注意力方面战果辉煌。这种方法在类似拉斯维加斯大道的环境下更是穷尽各种手段，招牌上的文字和图片跳来跳去、变换颜色，同时制造不可抗拒的声音吸引人们的注意力。我们无须决定是否要注意，注意会自己产生。

自下而上的注意闯入的结果是造成记忆问题。你在聚会上被引荐给一名客人，但旁边某人的笑声让你分了心，结果后来你发现没记住客人的姓名。通过妨碍自上而下的注意，自下而上的意外事件会剧烈破坏新记忆的创建。如果在按照菜谱尝试做汤时孩子哭了或电话响了，你可能不得不重新去看菜谱来更新记忆。我会在书里提出应对分心的建议，但首先你得了解最近刚发现的第三种注意网络。

由于第三种网络在神经学上与另外两种截然不同，因此它是一种全新的注意力形式，但也能破坏自上而下的注意。这种网络聚焦的不是外部世界，而是内心世界。你在陷入沉思忘记周围时就是该网络在起作用。科学家称其为"默认模式网络"，它在我们不关注外部世界时控制注意力。它们在我们做白日梦、因为麻烦而焦躁、制订规划或追忆往事时非常活跃。换句话说就是，我们沉浸于内心世界之时，就是它发挥作用之时。下面的图显示了默认模式网络如何在3个不同的注意系统中占据了一席之地。当认知机器遭到闲置时，它的填补在我们的脑力活动中发挥了特殊的作用。如果外部世界无法吸引我们，这种特殊的网络就开始生效，把我们的注意转向内心世界。

三种注意力模式

自上而下网络
有目的的关注
"好记性的秘诀"

自下而上网络
刺激驱动的注意
外部事件指挥注意力

默认模式网络
转向内心世界的注意
白日梦、烦恼、冥想

有时候，默认模式和某种目的相关，比如我们在思考问题或规划未来的时候，通常该网络是自由联想，仅仅生产白日梦或漫无边际的想法。我们都见过一个人"心不在焉"的样子——精神开小差，内心的想法压倒了外部世界。此时，默认模式网络正在"自我表现"。

默认模式完全能作为一个闯入的自下而上的事件干扰自上而下活动。你阅读完一篇杂志文章却不知道说的是什么时，发现自己的思想在开小差，研究人员乔纳森·斯莫尔伍德把这种注意力缺失的类型称作"分神"，多数读者应该都有这样的经验。事实是默认模式掌管了注意力，造成了有意义的阅读的中断。分神甚至表现在读者的眼球运动中。在一项研究中，参与者装备了眼球追踪装置来准确记录阅读过程中他们每时每刻所专注的词语。研究人员定时打断读者，询问他们当时的状态是分神还是专注。当参与者报告说在专心阅读时，他们的阅读进展就会被打断——原先眼球掠过词语的速度会慢下来甚至停滞一会儿。这是正常阅读的一个特点：我们花费较多时间在不熟悉的词语上——比如ascertain（查明）——但会飞快掠过熟悉的词语，比如accepted（公认的）。但如果读者分神的话，无论词语是什么，他们的眼球都会更为匀速地运动，这意味他们停止从阅读中提取意义，思想开了小差。

分神不仅影响你对阅读具体内容的记忆，也削弱了你对文章的整体理解。这是因为阅读需要我们把信息碎片整合成整体的叙述。分神越厉害，我们对作品的整体意义和具体内容的理解就会越贫乏。

分神显示了自上而下注意和默认模式注意之间的转变方式。这是3种注意网络在决定我们随时随刻的意识体验焦点中不断竞争的一个例子。这种竞争在忙碌的环境中非常明显，比如你努力专注于和朋友的谈话或面临的工作。注意力会被自上而下的网络控制吗？自下而上的网络？默认模式网络？竞争规则很简单。一次只能有一种网络，赢家会抑制住输家。竞争的结果决定了你如何应对一切，以及记住什么和忘记什么。

注意力分散的情况

自下而上的注意是创建新记忆的关键。记忆运作的成败通常决定了自上而下网络是否能战胜两个对手，并防止分心。好记性的秘诀是专注，专注的秘诀是避免分心。不幸的是，这说起来容易做起来难。考验专注力的普遍情况包括以下几种：

○　高度熟练的活动

马吉茨的问题就在此，这导致了小提琴的丢失。当行动变得无意识时，自上而下的注意可有可无，随着默认模式的接管，这就给走神创造了机会。一旦如此，记忆就可能会缺失。

○ 多任务处理

现代社会这一典型特征对自上而下的注意的要求尤其严格。你在给客户打电话时电脑的动静会吸引你关注屏幕。你没有中断谈话，一边回复邮件一边注意闹钟，以免错过将在15分钟后开始的会议。当今社会，我们没有什么实用的方式可以避免多任务处理。但它在我们的认知系统里遇到了一个根本性的瓶颈，因为你一次只能自上而下地关注一个目标。你在尽力对付电话、邮件和闹钟时，精神必须在它们之间转换。当邮件成为焦点时，对电话的关注必须暂停直到注意力能够转移回来为止。每转换一次，低效和损耗就会威胁到你的行为和记忆。你也许会漏掉电话里的一个关键细节，会在回复邮件时忘掉思路，或者忽略了闹钟而导致会议迟到。

多任务处理中注意力转换最直接的后果是破坏了工作记忆。当你的注意力从电话转移到屏幕时，邮件内容成了工作记忆的焦点，因此电话内容的记忆就会消退。当你的注意力回到电话时，你必须重建谈话的细节，这就是问题所在。研究人员发现，注意力转换后工作记忆的重建并不完全，这给记忆的失败提供了舞台。尽管各个年龄层都会受到这类问题的影响，但老年人尤甚。即使处于最佳状态，多任务处理仍然比一次处理一个任务效率更低。

○ 基于焦虑的分神

假设你将面临一件大事——演讲、考试、工作面试、第一次约会——而你很担心你的表现。你心烦意乱。但通常焦虑不是最大的威胁，接下来的事才会导致真正的麻烦，即焦虑加速了默认模式网络显现，把你的注意力转移到了内心世界。以担忧考试的学生为例。随着课桌上出现的考卷，他的注意力被一连串焦虑的想法所占据：

"我感觉我什么都不会——我是怎么了？"

"如果我考试不及格，我就得留级。"

"别人似乎都能考好。"

随着学生对自身情况的焦虑，他的工作记忆关注的不是考试，而是他内心的忧虑。他没有把全部的认知能力用到考试上，而是用到了反刍不幸上。如果默认模式网络可以占据优势，他最大的恐惧就会成真。这样一来，他也许会认为考试没过是记性不好，但真正的问题却是自上而下的注意偏离了轨道。

○ 目标的动机不强

自上而下的注意就是把精神集中在当下的目标上。动机强烈、目标清晰、注意力集中，你会事半功倍。我们都经历过全神贯注于手头上的事而忘记一切的情况。这样的时刻，其他网络无法突围，分心也就不是问题。但当动机不强时，不必费多大劲就能压垮自上而下的注意——一闪而过的想法或房间里的声音就能把注意力转移到一个新方向。因此，动机不强时，你需要刻意地努力才能保持专注。老师给学生的论文评级或工人在和老板进行无聊的社交谈话时都会出现这种情况。两者都很容易走神，结果记忆缺失可能会造成令人尴尬的失礼。除非动机能增强，否则就要不断与注意力分散做斗争。

保持专注

有什么办法可以对付分神吗？虽然没有能把自上而下的注意集中于目标的简单秘诀，但有一些能起到辅助作用的策略。

○　在受到干扰时，试着自言自语

运动员和教练非常了解这个策略。运动员不仅容易受到可能激发自上而下系统的外界干扰的影响，也容易受到可能激发默认模式网络的烦恼、没把握、担忧的支配。无论哪种情况，他们的自上而下的注意力和表现都会受到影响。自言自语——"盯着球""只管踢""我能行"——能帮助他们集中注意力，稳固他们的动机。只要能够专注于当下的目标，说什么都行。即使像"只管做"或"我能不能做到"这样简单的句子也能让你一直在正确的轨道上。自言自语也被证明有助于缓解学生的焦虑，使其将注意力集中在考试上。它适用于各种需要避免走神的情况，比如谈话或开车时忽略路边的干扰，以及在回邮件或写报告时管制上网的冲动。

○ 在注意力分散时，试着利用好奇心

在单调的讲座、无聊的会议，甚至是乏善可陈的晚宴上，我们都在努力保持专注。薄弱的动机让自上而下的注意挣扎不已。提高注意力的一种方法是刻意制造好奇——它能通过激发目标导向的大脑结构来提升动机。一旦这些区域开始运行，自然就会形成自上而下的注意。19世纪的心理学家鲁宾·哈勒克对此进行了描述：

据说注意力不会关注无趣的东西，但我们不要忘记，一个不肤浅、不浮躁的人很容易就能在大多数目标上发现某些趣味。在这里，聪明的头脑展现出特别的优越性，因为他们通常会在最乏味的牡蛎中发现

珍珠。当目标在一个角度失去了趣味，他们会在另一个角度发现它的新趣味。

除了提升自上而下的注意，好奇对记忆还有另外的益处。一旦新信息满足了你的好奇心，你就会增强对记忆内容的了解——这是一种久经考验的记忆提升法。因此，当你在问初识者的名字是"Vickie"还是"Vicky"时，你关注的不仅是她的名字，还得到一个附加信息——正确的拼写——将有助于名字的记忆。

○ 在面对沉闷时，试着创造挑战

提高注意力的另一个方式是创造挑战——足够的挑战能让注意力自然集中。心理学家米哈伊·契克森广泛研究了这样的事例。他发现，适当程度的挑战不但有助于集中注意力，而且会产生一种他称之为"心流"的有益体验。

心流是这样一种客观状态：人们完全沉浸于活动本身，忘记了时间、疲惫和其他一切……心流的关键特征是对当前活动的彻底投入。人们全神贯注于手头的工作，身体机能处于运行的顶峰。

契克森说，形成心流的关键是具备挑战性的且可实现的具体目标和识别能促使自我评价的即时反馈资源。即使是无法吸引我们的普通活动——包装礼物、熨烫衬衫——在适当的条件下也能形成心流。以洗衣服为例：收拾衣服，把深色衣服和浅色衣服分开，之后扔进洗衣机，等它们烘干，最后叠起来放好。如果在此过程中增加一点挑战性，你会变得更有效率（去掉反复和虚耗的行动）、更彻底（不会忘记洗袜子）、更快（缩短时间）。观察洗衣过程和调整洗衣时间会让你得到反馈。合理的挑战性促成心流体验时，自上而下的注意变得容易保持，记忆力也会得到增强。

这种方法适用于以记忆为主的场合，比如记忆一群人的姓名或者记忆论文里的信息。通过设置具体目标和监测自我表现，你创造出一种挑战，让无趣的工作变成了迷人的游戏，不但减少了麻烦，而且形成了牢固的记忆。

注意力是记忆的核心过程，既决定记忆系统的信息进入，也决定记忆系统的信息提取。后者我们会在下文讨论。不过，专注只是好记性的第一步。下一章里，我们会探索以专注为基础、帮助记忆强健持久的有效技巧。

记忆实验室：设计一个视觉记忆法

在本节中，我们会探讨如何设计一个视觉记忆法，目的是形成一种可靠的方法让你记住可以让注意力回到正轨的3种行动：自言自语、保持好奇以及创造挑战。

○ 找到每种行动的视觉提示

　　这是关键的一步。你为每种行动寻找合适图形提示的时间会在每次使用记忆术的时候得到回报——图形和策略联系得越直接越好。以下是我选的图形。记住，记忆提示因人而异，因此对我有效的图形对你未必有效。如果你觉得它们和策略之间没有明显的联系，试着想一想更合适的图形。

注意力策略的视觉提示

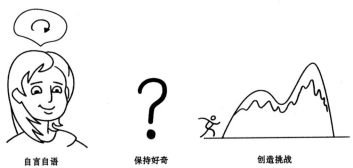

自言自语　　　　保持好奇　　　　创造挑战

○ 下一步，绑定图形

　　此时，我们为每个注意力策略找到了有效的提示。但我们还需要考虑忘记一个或多个图形的可能性，这会让记忆术毫无用武之地。如果以某种方式把这些图形绑定在一起，你会更牢固地记住它们。因为你在回忆时想到的是一个整体，而不是3个独立的图形。我在这方面已经先行一步，仔细看我排列图形的方式。3个一组的排列所形成的感知归类，让绑定在一起的图形更容易记忆。感知归类是绑定图形最基本的方法。

右图中，感知归类发展至更高的层面。环绕图形的圆圈让它们产生了更显著的空间关系，从而被牢牢绑在一起。

不过，更有效的方式是把图形一体化为有意义的独立整体，如左侧的图片中所示。它表现的是一个带着问题的攀登者在攀向顶峰的时候自言自语。攀登者作为图片的焦点，起到了紧密结合提示的作用。

以下是创造视觉记忆法的两个常用步骤：1、找到记忆内容的图形提示；2、确保图形以某种相互关联的方式进入记忆。对于新创造的记忆术来说，还有最后一个步骤，即通过练习来加强记忆——在脑海中视觉化记忆术，并用它来回想3个策略。关于练习，我会在下一章详细讨论。

最后一点：不要制造过于琐碎和复杂的图形——这会增加忘掉提示的可能。我的个人经验是一个图形最多只能含有3到4个记忆提示，就像攀登者那个图形一样。那么，如果要记住6个策略我该怎么办呢？我会创造由两个独立部分构成的视觉记忆法，每一个部分含有3个提示。比如，攀登者身后可以添上一条系着牵引带的狗，牵引带牵着3个含有记忆提示的图形。（牵引带将攀登者和狗绑在了一起。）或者，我可能会想象在攀登者的背上还有一个视觉记忆法，我会把其中一部分明显突出，好提醒我不要忘记看背上那个含有其余记忆提示的独立图形。

第四章 "龙"是怎样增强记忆的

选修记忆课程的学生时常问我增强记忆的最好方法。遗憾的是，这并没有一个简单的答案，因为它受限于各种条件，但也确实有一些被广泛使用的小技巧。本章讲述的正是这些可靠有效的记忆法则。由于它们暗含于一首古怪的离合诗，所以我把它们称作"龙法则"。

浪漫的龙吃蔬菜，还爱洋葱。

（Romantic Dragons Eat Vegetables And Prefer Onions.）

这句离合诗里，每个单词的首字母都代表一个记忆法则——所以，这七个法则分别是：记忆意向（Retention intention）、深加工（Deep processing）、细化（Elaboration）、视觉化（Visualization）、联想（Association）、实践（Practice）和组织（Organization）。

这句离合诗无疑很怪，你可能怀疑自己能否记住它。别着急。你会看到"龙法则"让这句诗歌变得多么好记。届时，你就会收获7个增强记忆的有效方法。

记忆意向

如果你记不住某些重要信息——比如姓名——实际上通常是你自己的责任，你从来没有真正地想要记住。你想当然地认为你会记住，但很快你就会面临棘手的问题："她叫什么名字？"

记忆意向是好记性的前提，指的是创建记忆的意识和保持记忆的打算。当朋友向你介绍他的妹妹时，要对自己说"注意听她的名字，然后重复一遍"，你就确定了记忆意向，并完成了有意识记忆的第一步。这一步会立刻让你受益。因为一旦你确认了记忆目标，注意力就会锁定在你要记忆的内容上。注意力便是如此发挥作用的——它锁定了当前的目标。记住目标的动机越强，注意力就会变得越专注，记忆的效果就越好：首先让信息进入工作记忆系统，而后会帮助你保持长期记忆。因此，你会很容易记住朋友妹妹的名字，并且在一个星期后遇到她时准确地叫出来。

保持记忆的打算是记忆意向的主要特征。它和练习记忆一样简单，会涉及本书稍后讨论的记忆策略。无论什么，当你清楚地知道自己打算如何记忆时，你在现实中实现这一打算的可能性就会越大。这会导致记忆牢固程度的不同。

举例来说，假定你想记住下次见医生时要问的几个问题。首先要确定记忆意向。你可能打算用想要讨论的话题的首字母创作一句离合诗，也可能决定在会见之前在脑海中复习几遍。当然，你完全可以把问题记在笔记本或智能手机里，然后带到医生的办公室。这确实能帮助记忆，但本书的目的之一是证明你可以不借助外界工具来解决类似的问题。对于记忆技巧的践行者来说，常规的记忆需要提供一个机会让你在实践中运用关于记忆法则的知识和智慧。所以，这是一次迎难而上的挑战。记忆意向就是开端。

不过要记住，记忆意向必须坚定，不能一闪而过。动机的强度非常影响记忆效果。如果你确定了合适的记忆意向，创建牢固记忆的可能就会大幅增加。

深加工

在一项重要研究中，费格斯·克雷克和恩德尔·托尔文要求大学生回答在电脑屏幕上闪过的与单词有关的问题。他们告诉学生说实验的目的是测试回答问题的速度，但真正的目的却是调查不同类型的问题如何影响他们对词语的记忆。

研究人员发现，问题的类型显著影响到学生对词语的记忆程度。

学生在看完单词后立刻进行记忆测试，下方的柱形图显示出令人惊讶的结果。假如问题与单词的外形相关（它是大写字母吗？），他们的记忆就会十分模糊；假如问题与单词的发音有关（它和weight发音相同吗？），他们的记忆会好很多。但他们记得最牢的还是单词的意义（它可以用在句子"He met a on the street"里吗？）。当研究人员要求学生说出单词的意义并尝试使用时，记忆效果就产生了飞跃。

克雷克和托尔文推断，与单词意义相关的问题需要经过大脑深层加工，记忆也因此得以增强。而其他问题只需要"浅"加工，因为它们的答案源自单词的表面特征——外形或声音——并不需要考虑其实际意义。浅加工的记忆会比较薄弱。

关于电脑屏幕上的单词的不同类型问题引出了令人惊讶的记忆测试结果

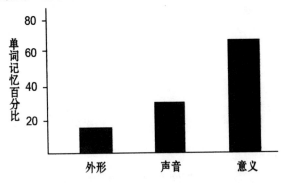

深加工是处理我们的认知的一种脑力活动。这里的"深"是关键词，好比深深感谢、深刻理解、深层含义或深层连接里的"深"。当

记忆此类内容时，我们的大脑会强化记忆，创建得更牢，也更容易记住。随着与记忆相关的大脑区域的活动的增强，深加工甚至能在脑部扫描中被看到。正是这种活动赋予了深加工记忆的优势。

我们不断在深、浅加工之间转换，有时能记住，有时会忘记。你目光呆滞，心不在焉。你希望之后不会遇到问题，因为你的理解力弱得什么也没记住。不过反之亦然。当你遇到重要或有意义的事时，你会认真进行深入处理。音乐发烧友看见钟爱的乐队发布新唱片的布告时，会记住他读到的每一个细节，并将信息与他对乐队的了解相互联系。如此一来，虽然他会忘掉当天发生的其他事情，但却为新唱片创建了一种长期记忆。

在这个例子里，由于音乐发烧友与信息产生了共鸣，深加工便自发进行了。但作为一种助记策略，你也可以刻意运用自上而下的注意以更深入、更具体或更个性化的方式去思考记忆内容来激活深加工。因此，如果想记住开车上班途中在广播里听到的健康小窍门，你可以通过思考它对生活的影响来加强记忆。

深加工的前提是假定你能把新信息和已知其他内容联系起来，但这并不总是有效的。拿"浪漫的龙吃蔬菜，还爱洋葱（Romantic Dragons Eat Vegetables And Prefer Onions.）"这句离合诗来说，这是一个孤立的信息，和别的事物没有太多关联，除非你能建立某种有意义的联系，否则深加工起不了作用。这时该轮到下一个法则出场了。

细化

　　当你将新信息加入已有的记忆，你记住它的可能性实际上会更高。这是一个有趣的悖论。如果你选对信息，它能提供一个"安全锚"让记忆更稳定。细化新记忆就是更紧密地将其与你的知识库连接，从而扩大记忆范围。让我们回到"爱洋葱的龙"这里看看细化的作用——但为了达到目的，你必须容忍几个可能有问题的"事实"。

　　关于龙呼吸时为何喷火的研究有了意想不到的进展。现在看来，火焰是来自龙的消化系统所萃取的蔬菜油的燃烧。这一发现意义重大，它解释了蔬菜对龙，特别是交配季节的龙的强大吸引力。饮食中有足够的蔬菜对龙十分重要，因为浓烈的火焰是吸引伴侣的必备元素——火焰微弱的龙经常在交配季中错失机缘。

　　新见解同样揭示了龙异常喜爱洋葱的原因。长期以来，我们都知道龙会为了野生洋葱而争斗。研究表明，洋葱在龙火中起着特殊的作用，它们的蔬菜油含有燃烧时能产生彩色效果的微量元素。这种火焰对异性的龙来说能产生性吸引。

　　将这个新"知识"添加至记忆库，并将这句离合诗与你已知的关于求爱、诱惑和交配竞争的内容相联系。突然间，"浪漫的龙吃蔬菜，还爱洋葱"的原因一目了然。新信息把离合诗从一句古怪的句子变成一份有意义甚至是合理的关于龙的浪漫生活的观察报告。现在，这句离合诗更好记了。细化增加了新的联想、扩充了语意，并促成了深加工。

细化容易忘的记忆内容的一个最佳方式是问"为什么？"答案越深越广，效果越好。你甚至不需要考虑真实性，正如我对离合诗想象出来的细化一样。事实上，你在练习记忆技巧时可以自由运用想象，只要有效，想象细化完全可行。诸如生存、性、攻击、背叛、危险、爱情等原始主题能形成令人难忘的细化。因此，如果同事要求你在第二天的会议上向他提交报告，你可以假想一个他急需报告的理由来帮助记忆，比如他急需将报告出卖给竞争对手以换取重病妻子的医药费。这种恶作剧式的记忆游戏会强化你的记忆，等到提交报告时，你该为自己的聪明鼓鼓掌。

视觉化

古人对视觉记忆法的热情得到了现代研究的支持。没有什么感觉系统像视觉这样具备科学家无法测量的超大信息存储容量。英国研究人员莱昂内尔·施坦丁在一次研究中要求年轻人观看1000张常见场景的照片。两天后，他进行了一项测试，在原始照片中混入他们没见过的照片。令人惊讶的是，有83%的参与者准确挑出了原始照片。关于这一点，早年甚至出现过更惊人的壮举。据说意大利记忆教师——

15世纪的彼得·拉文纳和16世纪的弗朗西斯科·帕尼格罗拉能够记住10万余张图像用以回忆巨量的信息。彼得使用图像帮助记忆民事法和教会法的具体内容。这些图像被排列于"记忆宫殿"——这种建立在熟悉的建筑布局基础上的助记法，比如彼得就非常熟悉教堂。他将特定的图像与教堂不同的位置联系起来——例如圣坛或洗礼处。当彼得需要信息时，他就在脑海中走遍教堂寻找记忆提示。弗朗西斯科运用图像的方法和他类似。（我们将在第十四章讨论记忆宫殿。）

古人拥有创建有效图像记忆的指导方针。现存的最著名的建议来自大约公元前85年的著作《修辞学》中的一位无名的罗马教师：

本能会告诉我们该怎么做。我们通常不会记住日常生活中平凡无奇的琐事，因为没有新奇或不凡触动我们的心灵。但如果我们看见或听见卑鄙、无耻、荒谬以及伟大、难以置信的不寻常之事，我们通常能记住很长一段时间。

世世代代的记忆大师对该方法非常推崇，现在也不例外。其理念是，如果包含奇异、惊人、滑稽、美丽、丑陋、恶心等特征，图像会更有效果。有时，适当的夸张就能产生这些效果。假使你想记住要去超市买洋葱、番茄和芹菜，你可以想象一大堆洋葱和一大堆番茄中间有一根巨大的芹菜梗。夸大记忆对象的尺寸或假想巨大的数量是增强记忆的一个快速简易的方法。如果图像生动形象的话，效果甚至会更好。14世纪的传教士兼记忆教师托马斯·布雷德沃丁这样向学生讲解如何记忆黄道十二宫：

> 假设有人必须记住白羊、金牛等黄道十二宫。如果他愿意的话，也许可以首先想象面前站着一头后蹄直立的金角白山羊（白羊宫），然后想象右边有一头红公牛（金牛宫）在用后蹄踢山羊，瞬间血花四溅……以此类推，也许公牛前可以躺着一个正在分娩的女人，她生出了一对漂亮的双胞胎（双子宫），他们正在玩一只恐怖的红螃蟹（巨蟹宫）。

这名教师举例说明了如何联想图像，并创造出一个包含黄道十二宫的有序记忆结构。现代研究表明，这种惊人的图像比一般图像更容易被记住，特别是在长期记忆中。不过，研究人员对它们产生记忆优势的原因仍有争议。因为它们奇异？与众不同？出乎意料？新颖？令人感动？幽默？骇人听闻？无论是什么，学会创建记忆图像的最好方式是不断尝试，找到适合你的图像。我的建议是玩得开心，并试着注入一些特别的活力。古怪、下流、没规矩、阴森、令人厌恶都没有问题。所以，当我见到新邻居杰里和芭芭拉时，可能会把他们和杰里·辛菲尔德（美国著名单人脱口秀演员）抓住气愤的芭芭拉·史翠珊（美国著名影星）的臀部的图像联系在一起。只要在创建图像的过程中用点儿心，我就能记住它。将来，新邻居会因为我叫出他们的名字而高兴——他们永远无法知道我记住她们名字的方式。一名学生曾对我说，你无法对母亲说出口的图像就是最好的记忆图像。

图像互连

你注意到布雷德沃丁是如何连接图像的不同部分的吗？他特意描绘了山羊踢公牛和双胞胎玩螃蟹的场景，因为他知道图像一旦有单独的部分，就有在记忆中破碎的危险，而这些碎片不会同时被记起来。通过创建互连，他把它们绑在一起，从而避免了这个危险。

再举一个例子。假设我想去商店买芹菜、洋葱、番茄这3样蔬菜。受《献给赫伦尼》的启发，我想象一个小丑像流浪的杂耍家一样穿着这3样物品。这可能有用，也可能失败，因为这3样物品各自为政，每一样都有丢失的可能，结果我只记住了小丑和一两样蔬菜。但如果我将3个部分进行互连，想象小丑惊讶的表情，眼睛是洋葱，张开的嘴巴里是番茄酱，滑稽的帽子上长着芹菜。如此一来，每样物品都被紧紧地绑在主图像上，结果就是我保存了一个完整的记忆。

色彩和动作

黄道十二宫的想象图不仅描绘了戏剧性的互联场景，色彩和动作也非常生动。山羊的角是金色的，它在踢公牛。布雷德沃丁和其他的古代记忆技巧践行者们鼓励学生结合色彩和动作进行记忆的行为是十分明智的。彩色图像比黑白图像的易记程度高5%到10%。动作同样也被证明能提高记忆。

上文提到的指导方针是一种理想状态，你通常没有时间完成这样复杂的想象——记忆系统不允许。不过，平平无奇或缺少色彩和动作的图像也并非没有作用，因为视觉系统强大到任何具体图像都能帮助记忆。根据我的经验，以色彩和动作创建特色图像的好处是可以减少记忆练习的次数。如果你的图像看起来平淡而容易忘记，实用的方法是尽可能创建最好的记忆图像，然后用额外的练习来补充不足。

联想

记住易忘信息的一个有效策略是把它和易记信息关联起来。想想小丑和采购清单。小丑是一个有特色的图像，容易记住和回忆。由于和小丑关联在一起，食品也变得很容易记。

记忆大师们在描述他们如何获得成功时，都提到了联想。传奇的记忆大赛选手多米尼克·奥布莱恩将"联想技巧"列为其记忆能力最重要的组成部分之一。令人佩服的记忆表演家哈利·洛拉尼用其高超的实践能力进行快速联想，从而记住了大量观众的名字。"你看弗莱明先生的第一眼，"他解释说，"首先关注的是他的大胡子。胡子在燃烧（flaming），胡子＝弗莱明（Fleming）。"记者约书亚·弗尔转行成了记忆大赛选手，他以1分40秒内记住一副扑克牌顺序的成绩获得了2006年的美国记忆锦标赛冠军。为此，他用了一年时间培养快速将扑克牌和记忆图像关联的能力。例如，假使接下来的3张牌是梅花五、黑桃五和方块六，他会把它们和名人多姆·德路易斯以空手道飞踢教皇本笃十六世鼠蹊部的图像联系起来。他在脑海中将这张图像放进记忆宫殿，然后继续对接下来的3张牌进行编码。之后，他会去记忆宫殿取回图像，并想起牌面。

联想的潜力无穷。我们在记忆实验室中研究过建立在视觉和语言基础上的记忆技巧。实际上其他形式也会影响记忆——嗅觉、味觉和听觉同样是有力的提示——但它们难以编入记忆术。不过，情感这种形式对丰富以视觉和语言为基础的联想具有很大潜力。情感会增强联想的可记性。一本书或一部电影中你记得最清楚的场景是什么？不是随意的对话，而是情感迸发的所在——感情在这里占据统治地位，展现着愤怒、悲伤或浪漫的激情。受《献给赫伦尼》启发的"卑鄙、无耻、荒谬以及伟大、难以置信的不寻常"图像唤起了情感反应。如果根据兴趣爱好想象小丑图像，我会赋予它幽默和奇想，给记忆增加更多的联想，帮助我进行记忆。

事实上在某些情况下，情感可以决定你是否能想起信息。比如约书亚·弗尔想象的多姆·德路易斯以空手道飞踢教皇本笃十六世鼠蹊部的图像——其中很难没有情感偏向，尤其从弗尔的创建方式来看。当他在稍后试图从记忆宫殿取回它时，也许会经历"哎哟"的提示——与记忆关联的情感——而这正是他所需的用来重建图像和记忆牌面的线索。

实践

这个法则很简单：记忆可以通过不断实践得到增强。你每天都在体验记忆实践的效果，因此才能看见朋友就想起名字，看见喜爱的球队出现在新闻标题中就想到具体细节，工作时能随时想起许多相关的信息。你可以轻易回想起这些记忆，因为你反复在用它们，并在此过程中创建牢固的记忆。你在过去经常用的记忆很可能也是未来所需的，实践可以让它们牢固，以便你随时使用。

但那些无法从自然记忆实践中受益的信息怎么办呢？比如昨天在家庭招待会上遇见的女性的名字、网上看见的美食烹饪示范以及发言时的要点。如果不实践的话，你会忘掉这样的信息。

实践是"龙法则"中最不吸引人的，但却是强化各种记忆的有力方法，也是你长期记忆困难内容的必备手段。假设你在学习打桥牌，如果打算记住怎么打，你必须反复实践叫牌；假设你给新账户设置了密码，如果想要在使用时不用到处找，你最好制订实践计划。古代教授记忆技巧的老师、专业的记忆术研究者以及记忆科研人员都特别强调实践。虽然其他的"龙法则"可以减少实践的次数，但几乎不可能完全取代它。因此，即使你出色地融合了细化、视觉化和情感，要想把容易忘记的信息转变成长久牢固的记忆仍需进行一些实践。

尽管记忆实践的理念十分简单，是否有效却取决于你如何执行。早期实践特别重要，因为你会在获得新信息后很快忘掉它。回想一下，有多少次你在听到地址或电话号码的几分钟后就抛诸脑后。连续获得8届世界记忆锦标赛冠军的多米尼克·奥布莱恩建议，在初始的几分钟内就要在脑海中多次练习记忆诸如很难的姓名或数字的挑战性信息。记忆的时间越长，需要的实践次数越多。此外，有间隔的实践效果最好。事实上，间隔实践的价值是心理学上最完善的原理之一，早在20世纪的心理学家已用研究进行了证明。

最佳间隔期因情况而异。记住下周三晚上7点的晚餐会议和记住桑娜·高米娜这样奇怪的姓名需要不同的实践计划。你要立刻实践记忆桑娜这样的名字。如果想要长时间记住它，你还得努力。那么，你应该多久之后再进行实践呢？对于桑娜女士这种情况，你应该尽快重复实践。但晚餐时间的情况则相反，它很容易记忆而且不那么脆弱，所以你可以过一段时间再实践。

培养良好的间隔记忆实践是记忆技巧践行者必须从经验中学会的一种直觉。也就是说，专业的记忆术研究者已经形成了有效的指导方针。多米尼克·奥布莱恩推荐"五隔法"：在一个小时、一天、一周、两周和一个月后进行记忆实践。其他的记忆大师也提出了类似的间隔建议。虽然奥布莱恩的方法并不适宜所有情况，但如果摒除字面意义，我认为它很有帮助——它提供了一个易于记忆的具体例子。诸如一个棘手的姓名的困难信息需要紧密的间隔；诸如晚餐时间等容易记忆的信息可以采用更轻松的实践时间表。

组织

将信息组织成有意义的架构，其可记性能得到很大的提高。以列有八项物品的购物清单为例。我注意到其中两项是速冻食品，两项是农产品，两项是烘焙食品，还有两项是乳制品。因为发现了这种组织结构，购物清单就更容易记忆。

由于涉及过程和结果，组织能以两种方式帮助提升记忆。创建一个有组织的架构需要深加工，这能提升记忆。信息经过组织后，原先不明显的关系和特征得以凸显，形成了能够增强记忆的联想和细化。

结果非常显著。在一项经典的现代研究中，记忆研究人员戈登·鲍尔及其同事要求大学生记住一长串的单词，它们来自8个不同的类别——矿物质、人体部位、动物，等等。学生拥有几次研究单词表的机会，每一次尝试过后都要接受测试。一组学生的单词经过分类，另一组学生的单词则是随机排列。通过研究单词表，弄懂单词组织形式的一组学生比另一组学生的记忆程度要高4倍。

古代和中世纪的记忆术研究者了解组织的价值，并有一套系统化的组织方法。首先，他们将记忆内容分解成细小但有意义的部分，这一步被称之为"分割"；接着，他们将这些细小的部分整理成一个有意义的架构，这一步被称之为"组合"。一位4世纪的记忆教师写道："最能帮助记忆的是什么？分割和组合：因为秩序能让你的记忆更加强大。"这表明了早期记忆术研究者对该过程的高度重视。

在记忆内容很多且复杂的情况下，分割和组合的过程大有裨益。分割会生成简练而容易记忆的部分。简练到何种地步？中世纪的一个经验法则是：每个部分应该"看一眼就能记住"。现代的说法则是将每个部分限定在工作记忆的容量中。分割完成后，下一步就是将各个部分组织成一个架构。

如何组织"龙法则"呢？虽然离合诗已经是一种助记方法，但如果我们对它们进行组织，就会得到一种新的记忆方法。由于内容已被分成7个简练的法则，所以组织中的"分割"这一步已经完成。现在需要的是将各个部分组织起来的"组合"步骤。在观察法则的过程中，我们注意到有几个重复。在通过细化添加内容的同时，我们也在创建新的联想。这两者都需要深加工——这点与组织相同。根据它们按照各自的方式扩充意义的共同特征，我们可以把这4个法则组合在一起。

接下来我们需要一个主题。比如，由于这些法则是增强记忆的不同策略，我们可以用策略作为主题进行组织。记忆意向与制订计划有关。可视化利用的是灵长类的感官优势，而练习则是强化记忆的通用手段。右图显示了作为4种记忆策略组织在一起的"龙法则"，其中一种策略分为4个部分。组织不仅能提高可记性，而且能让我们明白"龙法则"的意义所在。

> **"龙法则"策略**
>
> **激活计划**
> 　　记忆意向
> **扩充意义**
> 　　深加工
> 　　细化
> 　　联想
> 　　组织
> **感官优势**
> 　　视觉化
> **经典方法**
> 　　记忆实践

下一步?

虽然"龙法则"能够帮助创建牢固的记忆，但有时候完善的记忆也会掉链子——比如你看见一个熟人却想不起对方的名字，比如你不记得给爱人选好的生日礼物。记忆的查找和检索与记忆的创建和增强是两个独立的过程。下一章中，我们将学习检索系统的工作原理以及如何提高检索效果。

记忆实验室：一张帮助记忆离合诗的图像

类似于"浪漫的龙"这样的离合诗是较为有效的助记手段。它们尤其适用于以关键词形式呈现的记忆内容——正如这里的情况一样。但有一个问题：人们有时很难记住离合诗的开头。当你想起第一或第二个词时，通常会自然而然地想起其余的词。可你怎么能确保会记起这些关键的开头词呢？在本章的记忆实验室中，我们会创造一张帮助记忆离合诗的图像。

正如右侧图片"浪漫的龙"所示，一张有效的辅助图像能够提示离合诗句的开端。不过，尽管这张图很有成效，但加上色彩和动作效果会更好。请你在这张图的心形和火焰处添加色彩和动作。这两个特征可以最直接地暗示"浪漫"和蔬菜的益

浪漫的龙

**一个为快速记忆离合诗
而设计出来的图像**

处。让我们用色彩和动作对它们进行强化。

首先，想象心形是红色的。假如你在形象化红色方面存在困难，可以在闭眼创建图像之前看看红色的物品。接着，给火焰添加色彩，然后尝试能否添加动作，让它随着龙的呼吸喷射出来。如果有困难，可以借鉴动画的方法——让静止的图像一张接一张地翻过。这能获得更加自然的动作轨迹。当你找到适合你的辅助图像时，要持续练习，以便助记元素与图像能牢牢绑定。

最后，请记住图像记忆法的生动程度因人而异。如果你不得不创建图像，记住一点：就增强记忆的目的来说，图像的生动性影响相对较小。你只要创建少许色彩和动作就足够了。图像的生动性和创建图像的轻松度都能在不断练习中得到提高。

第五章　回忆的原理

前不久，我在超市收银台遇见一名邻居。她的马尾辫、运动员般的体形以及明亮的蓝眼睛都很让人熟悉，可令我沮丧的是，我就是记不起她的名字。我们亲切地交谈了几分钟——我成功地躲过了名字的话题。半小时后，我在开车回家的路上想起了她的名字。没错，她是苏珊。

出了什么问题？苏珊的名字显然在我的记忆系统内——因为我之后想起来了。但为何我在超市收银台时就想不起来呢？事实证明，回忆并非一个确定的过程。不过，正如你即将了解的一样，有一些策略能够提升我们的回忆技巧。

就我而言，一方面我很少用到苏珊的名字。事实上，我们已经几个月没有说过话了，因此对于名字的记忆一开始没有那么牢固。另一方面，我遇见她的场合与平常不同。大多数人都有这样的经验：在电影院遇见你的牙医或是在球赛上遇见以前的老师，你要花点儿时间才能认出他们。假如是在家的附近遇见苏珊，我更有可能想起她的名字。

回忆需要一个适当的提示——以我的情况，理想状态是在苏珊家的前院见到她。有效的提示能够帮助我们在巨大的记忆库中找到一个具体的记忆。如果记忆间隔时间很近，或者经过反复实践，几乎任何提示都能唤醒它。如果我很快又遇见苏珊，无论什么场合我都会记得她的名字。但如果记忆很少被使用，那就需要一个强大的提示。实际上，有了正确的提示，我们可以找回那些我们认为忘却已久的记忆。德州农工大学的认知心理学家史蒂文·史密斯就正确提示的价值举了一个很好的例子。他描述了陪伴父亲回到大学所在地得克萨斯州的奥斯汀时的场景：

> 隔了漫长的42年，我父亲回到得克萨斯。他大半辈子都生活在密苏里州的圣路易斯，除了在得克萨斯大学奥斯汀分校的两年校园生活和在二战期间的4年军队生活。故地重游唤起了许多往日的记忆，让他越来越惊奇于其中的新鲜感和各种细节，尽管他先前已经确信自己只能想起几个校园生活的虚幻片段。漫步在奥斯汀的街道上，我父亲突然停下来生动地描述起曾经的住处，如今它已经成了一个停车场。他回忆起许多生动的细节，比如一天晚上有一只穿山甲爬上了排水管，结果成了他的宠物；比如替住户做饭的厨娘告诉他们珍珠港遇袭的消息，他的求学生涯也因此突然中断。直到回到这些事件发生的地方，我父亲才能想起并表述它们。

这些被长期忽略的记忆深深地埋藏在父亲的记忆系统中，一般情况很难唤醒。但当父子两人来到得克萨斯时，生动的记忆便涌入了父亲的意识。

感谢来自不同感官的记忆提示——视觉、听觉、嗅觉——你才能立即认出上过的小学的照片，能在电话里听出老朋友的声音，能闻出幼时母亲用过的香水。每一种情景都能唤起生动的记忆。一个朋友告诉我说，一丝粉笔的气息就能让她记起4年级教室的各种细节。

虽然提示能够检索到一些信息，但并不能囊括你所知道的一切。以我和苏珊的偶遇为例。一开始我觉得她似乎是一个熟人，但此时我没有她是谁或在哪儿认识她的线索。当我们开始交谈时，我得到了更多提示，很快认出她是我的邻居。但此时这些提示仍然不足以让我想起她的名字。所以，有些记忆提示很难引起熟悉感，有些记忆提示却能唤起丰富的细节记忆。

记不起来的时候该怎么办

运用专门的回忆策略，有时能激活被忘掉的记忆。以下是3种撬动记忆库的有效方法：

○ "猎枪"策略

记忆的提取在于找到正确的提示。但怎么做呢？记忆训练师托尼·布赞建议暂时放弃忘记的信息，转而将注意力集中在你能想起来的相关信息上。我就是这样想起苏珊的名字的。在开车回家的路上，我专注于了解到的所有信息——房子、狗、我的看法、她家的院子以及她的丈夫埃里克。就在这时，我想起来了，我终于想起了她的名字。生活多么美好！

运用"猎枪"技巧时要穷尽各种联系，不仅是诸如苏珊的房子和她的丈夫这种外部联系，还包括诸如我对她的看法以及我上一次见到她时的心情这种内部联系。这样做的目的是彻底检索我的记忆，直到碰巧找到能够唤醒记忆的提示为止。当然，这需要一点儿运气。但我的经验支持布赞的方法：这种技巧对我来说通常都有用。

○ "重回现场"策略

这种方法的实施过程更具秩序性，其理念是重现记忆创建时的环境。史蒂文·史密斯的父亲重返奥斯汀就是该方法的具体表现。你可以用这一技巧想起许多被忘掉的记忆——昨天会议上老板的建议、停车地点，或者走神前正打算做的事。假设你离开桌子，想要去厨房拿一杯橙汁，但却突然愣在冰箱前不知道要什么。这时，想象自己回到桌子边并再现离开前正在做的事，很可能会让你想起喝一杯橙汁的决定。假如这样不管用，那就亲自回到桌子边，以直接体验来获得记忆提示。

"重回现场"策略被广泛用于对目击证人的询问当中，以此获得详细、准确的记忆。这种被称作"认知谈话"的过程会帮助目击者找到记忆提示，从而回忆起有用的信息。事实证明，"认知谈话"的信息还原率比传统谈话要高35%左右。

第一，谈话人要与目击者建立起密切的关系，这会让后者感觉到他或她的信息非常重要和颇具价值。第二，谈话人帮助目击者再现犯罪场景，找到提取记忆的线索。有时候这需要重返实地，但通常可以让目击者通过想象来重现场景。以下是一段典型的指令：

试着让自己回到犯罪时的场景。当时你坐在哪儿，在想什么，有什么感觉，房间是什么样子。

谈话是开放式的，目击者需要报告回忆起的所有信息。除了犯罪细节，谈话人也会适时鼓励目击者回想能够唤起记忆的情境线索。

只要你知道丢失的记忆创建于何时何地，"重回现场"策略就能力挽狂澜。也许你想回忆起昨天打算买的东西，或是朋友建议送给你妹妹的生日礼物，又或者你的车到底停在什么地方。如果你用了其他方法还想不起来，那是时候试试"重回现场"策略了。回想一下创建记忆的时间和地点。如果你能根据所见所闻想象场景，如果你能想起当时在做什么，甚至是感觉如何，也许就能发现提取记忆的线索。

○ "等等再试"策略

有时候，当你放弃回忆时，姓名或信息反而会突然出现——这和学生在离开教室后突然想起问题的答案是一个道理。不同于其他策略，这一方法的理念提倡彻底休息过后再尝试回忆。

记忆研究人员马修·爱尔德依和杰夫·凯伦巴实施了一个测试"等等再试"策略效用的启发性实验。他们先向实验对象展示60种物品的图片——手表、鱼、回旋镖以及其他随机挑选的物品。他们一次会展示5秒，全部展示完毕后，让实验对象进行回忆。平均来说，实验对象能够记住一半略多的图片。接着，研究人员让他们离开，要求他们在之后的6天里每天努力回想图片3次。结果如下图所示：

六天里试验对象重复记忆60张图片的研究结果

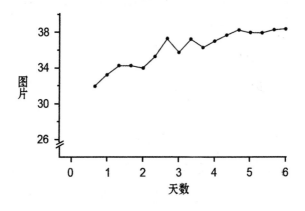

反复的尝试让实验对象想起了更多的图片，他们每个人在6天里平均每次能想起38张图片。事实上，由于每次想起的图片并不完全相同，他们记住的图片要比上图显示的还要多。有时候，他们会忘掉之前记住的图片，但会想起另一张从没想起来的图片。6天里，实验对象平均记起了48张图片。心理学家把这种记忆称为"强记"。尽管"等等再试"策略适用于所有记忆形式，但它对图像记忆特别有效，就像爱尔德依和凯伦巴的图片一样。至于纯粹的语义记忆，比如姓名和词，它的作用并没那么明显。

该策略通过两个途径来帮助记忆。其一，每一次尝试，累积起来就是回忆的总时间，你不需要再多花时间去回想。这一点很有用——有时候只需一小段时间就能勉强记起来。其二，回忆的间隔期可以让你在下一次以一种新鲜的角度重新处理记忆问题。研究没有表明应该间隔多长时间再试，不过以我的经验至少需要10分钟。这段时间里，就让自己全身心地投入完全无关的事情中。

当然，这些策略不能唤起所有记忆。有时是因为记忆过于薄弱，有时是因为你找不到正确的提示。但通常情况下，耐心、努力和适当的策略能够唤起记忆。你可以优先使用"猎枪"策略，因为它起效很快，而且不那么费劲。如果"猎枪"策略没有效果，而丢失的记忆又是发生在某个特定的场景，那么可以再试试"重回现场"。假如依然不行，那么"等等再试"吧。

重建记忆

当你在回忆一个信息时，比如邻居的名字，当它浮现在脑海中时，你的记忆提取就结束了。但当你在回忆一件事时，比如上周的商务会议，记忆要更加复杂。它好比是故事的不同部分，需要将其组合成有意义的结构。现代记忆研究的主流观点认为，人类的记忆与录像带别无二致，可以通过回放来提取当时发生的确切情景。这个过程要复杂得多。想感受这一点，你可以假设自己刚刚参加完朋友的婚礼，并决定当天晚上在日记里写下婚礼的情况。

你是如何回忆的呢？你的情景记忆包括一般信息和具体信息。一般信息又叫要点，它为你提供了主要的故事线——婚礼在一个海滨度假胜地举行，婚宴虽小但很有趣。要点描绘的是缺少大量细节的整体情况和情感基调。你也会记住细节——新娘入场时演唱的歌曲、白色通道上散落的紫红玫瑰、伴娘的蓬蓬裙、喝醉的伴郎、俗气的打碟师。当坐下来写日记时，你会结合要点和细节来记录你对婚礼的印象。

由于关于婚礼的记忆十分新鲜，你无须费力就能回忆起具体的片段——婚纱上的蕾丝、新娘的父亲怎样擦去泪水、伴郎说的笑话。这些细节很容易互相提示，交织出一个故事。但由这种无组织的回忆生成的故事会混乱无序。因此，你在写日记时必须挑选、整理记忆碎片，并将它们编成连贯的叙述。要做到这一点，你需要调用包含注意力、工作记忆和执行控制在内的高级程序来系统化具体信息和你的观感。假如要描绘伴娘的礼服，你会刻意回想她和礼服的图像。最终，你的回忆不是对婚礼的重现，而是一种独一无二的创造——通过管理记忆提示来激活和故事发展相关的具体细节。

这让我想到了这个思维实验最重要的一点：回忆的内容取决于目的。如果你打算向父母叙述婚礼，情况就和你写日记时不同。你可能会强调房间的装饰，对比你姐姐的婚宴，或者谈论父母认识的出席者。你向大学室友叙述婚礼时又会是另一种情况。实际上，你的这些复述中充满不同的回忆。每一次叙述都会把记忆碎片整合成对事件的独特描写。这些重建需要的记忆碎片在数量上区别很大。如果你的室友问："婚礼如何？顺利吗？"也许你只要回想一下要点就能做出判断。相反，如果你的朋友想知道前任恋人在婚礼上的表现，你会拼凑起一个更复杂、更详尽的故事。

所以，婚礼的"录像带"不止一个。你在事件中的经验随时会被作为记忆细节存储起来——互许誓言、婚宴舞会、抛掷捧花等等。正如记忆研究人员莫里斯·莫斯科维奇所说，记忆信息的处理，就是"大量记录，并按照内容元素分类，存储，然后在提取时加以整理。"

记忆的改变

每次回忆时，记忆系统都会发生改变。某种程度上，这是因为回忆过程本身可以被记住，包括回忆发生的时间和地点。你会记住在日记里写了婚礼，记住写了哪些内容，比如强调的细节和做出的观察和判断。将来想到婚礼的时候，日记或部分日记会伴随着婚礼本身的其他细节浮现在你的脑海。

有趣的是，即使是婚礼的原始记忆也会被记忆行为改变。研究人员认为，回想时记忆会短暂进入一个易适时期，使得信息容易进入、取出和改变。因此，记忆系统远不是一个过去经验的静态存储库——它是动态的、灵活的、多变的。这意味着永远无法保证完全准确的记忆。事件刚结束时记忆的准确率相对较大，此时细节很新鲜，易于提取。可随着时间流逝，细节会被遗忘或改变，所以你可能清楚地记得整体情况，但会弄错细节。

新西兰研究人员梅赛德斯·希恩和她的同事针对这种现象做了一次有趣的研究。他们访问了20对同性别的双胞胎，让他们回想与提示词有关的记忆。以下是一对54岁的女性同卵双胞胎对提示词"意外"的回忆：

双胞胎1：我记得我的溜冰鞋掉了一个轮子，我摔倒了，手肘和膝盖伤得很重。

双胞胎2：等等，你说的是我们八九岁生日时得到的溜冰鞋吗？

双胞胎1：是的，怎么了？

双胞胎2：好吧，如果你不介意的话，摔倒的其实是我。

双胞胎1：什么意思？明明是我！我和你一起溜冰，然后……

双胞胎2：没错，和玛丽在旧网球场。

双胞胎1：是的，但那是我，不是你。我记得网球场到处是草，非常颠簸。

双胞胎2：你努力想想的话会发现是我。

双胞胎1：好吧，我记得很清楚，你还溜回家去找妈妈。

双胞胎2：不，是你溜回家去找妈妈，因为我受伤了在哭，而且动弹不得。

双胞胎1：哦，我猜我们搞糊涂了，这件事太久了。

希恩测试的大部分双胞胎都会在一段记忆上存在分歧。例如：都认为自己脚上戳过钉子；都认为自己从拖拉机上摔下来扭伤了脚腕；都认为自己在国际越野赛上得了第十二名。

注意，双胞胎对发生事件的大体情况没有分歧，但对细节却有争议。这是最常见的记忆误差。部分原因在于遗忘过程的自身性质——细节比要点忘得更快，让你只保留对事件的大体印象，却记不清具体细节。

在细节不清晰的情况下，当我们试图回想与发生的事实相一致的记忆时，记忆重建会调用我们所有的脑力资源，包括一般信息、情感偏见和推理能力。假如几年后再回忆婚礼，尽管仪式上其实并没有花童，但出于正式婚礼通常如此的原因，你可能会想象新娘前面走着一个小花童。你并非要故意添加这个细节，而是花童的存在会让婚礼看起来合理且真实。态度和看法会影响记忆重建，比如你在回忆婚礼上一名大家都不喜欢的客人时，他的表现要比实际上粗野得多。我们甚至还会把两个不同的事件混在一起——例如，合并两个婚礼的细节。

最戏剧性的记忆失真是我们会相信从未发生过的、完全虚假的记忆。

加州大学尔湾分校的记忆科学家伊丽莎白·洛夫特斯在这一领域进行了开创性的研究，她的研究显示出在人类大脑中植入虚假记忆的可能性。洛夫特斯告诉参与实验的大学生，她想查明他们对童年的记忆。学生们允许她和她的团队通过访问其亲属来确认童年时所发生的事，随后再让学生本人对这些事进行回忆。每名学生需要回忆4件事，但他们不知道的是，其中一件事完全是捏造的，由亲属确认过的在商场迷路这件事其实从未发生。这件事被捏造得具体而详细：5岁的学生在某个商场迷路了，直到被一名老年妇女发现才回到家人身边。实验对象阅读和这4件事有关的描述，然后尽可能地进行回忆。大多数学生准确地想起了真实事件，但有25%的学生也"想起了"捏造的事件，有时还附带详尽的细节。其他研究人员也得到了同样的发现，他们诱导实验对象"记起了"虚假事件，比如婚宴上把酒洒在了新娘父母的身上，在喷水系统启动时疏散杂货店，以及遭到一条恶狗的追咬。实验对象想起虚假记忆的比例与洛夫特斯的研究结果相似。

研究中，虚假记忆出现于实验对象获悉事件要点而努力回想细节的情况。最终，他们根据常识和其他似乎真实的情境记忆构建出了足够的虚假细节。事实上，实验后告知真相时，一些参与对象很难接受这些事根本没发生过。

记忆失真和虚假记忆凸显了回忆过程的活跃性。我们在回忆过去的事时并非在"播放录像带"。相反，我们利用零碎的存储来塑造合适的记忆。偶尔的错误是这种运行方式的自然结果。

考虑到失真和错误的可能，我们有什么方法可以辨别记忆是否准确？答案是除了外界验证没有别的方法。我们对记忆是否准确的感觉通常基于自信——回忆时的真实感和完整性。不幸的是，事实证明记忆自信只是记忆准确性的一个普通预测器。想想自信但混淆记忆的双胞胎和确信虚假记忆的大学生。同样值得注意的是，在200多个案例中，DNA证明了目击证人信誓旦旦错误指证的重刑犯的清白。这不是说我们应该无视自信，而是说我们应该防止被自信欺骗。

记忆准确性的另一个指标是它包含的细节数量。研究表明，创建容易且细节丰富，特别是视觉、听觉和嗅觉详细具体的记忆，准确性更高。模糊和很难回想的记忆，失真率更高。记住，我们并没有什么完全可靠的方法来辨别记忆本身的准确性，因此对记忆的绝对精度怀抱一点谦逊，并虚心接受可能存在的错误至关重要。

下一步？

本章完成了对记忆系统的概述，我们现在可以好好研究记忆技巧的应用　下一章，我们将开始研究两种截然不同的记忆提高法。

记忆实验室：视觉记忆法的评估和改进

并非所有的视觉记忆法都能起到相同的效果——有一些视觉记忆的效果要好得多。在记忆实验部分，我们会深入研究一种助记法，它可以帮助回想本章中探讨的3种解锁记忆方法。这一助记法可以在你遇到回忆困境又希望该怎么做时使用。这里是我们对这一助记法效果的评估和改进。

右侧图显示的便是对3种策略——"猎枪""重回现场"和

回想3种解锁记忆策略的助记法

"等等再试"的图像助记法。猎枪是第一种策略的视觉提示。由于执法机关与"重回现场"之间存在联系，所以我选择警察作为第二种策略的提示。闹钟是第3种策略的提示。让我们来看看这一助记法如何在3个特性上实现视觉帮助。

○ 记忆提示有效吗？

对需要记忆的内容起到提示作用是任何一种助记法的本质特性。你完全可能想起了助记法，却想不起它代表的记忆内容。虽然猎枪、警察和闹钟对我有效，但你必须判断它们对你是否有效。不过，即使助记法的提示作用微小，只要你采取措施进行加强，也不一定就是致命的缺陷。各种"龙法则"，比如实践、深加工、联想和细化，能够被用来加强提示效果。当然，还有一种方法是去寻找更有效的提示。

○ 图像的组成部分绑定了吗？

正如我们在上一章里所见，含有数个组成部分的助记图像——猎枪、警察、闹钟——你在回想时可能会忘掉一个或几个部分——想想图像破碎和组成部分缺失的后果——补救的方法是通过在它们之间创建有意义的相互作用来把每一个部分绑在一起。因此,警察手里拿着猎枪指着闹钟。但这里可能会出现一个问题,警察和闹钟之间的联系不是非常合理,因为警察似乎没有任何理由会用枪指着闹钟。这个古怪的姿势容易被遗忘,到那时闹钟就会不复存在。

○ 图像容易记住吗?

在需要时想不起来的助记法是无效的。忘记专门创建的助记法非常令人懊恼。我的警察助记图像在这方面同样好坏参半。实际上,它很无趣,很可能被忘记。这时候,你需要用记忆实践的"五隔法"来加强记忆。

改进图像可记性的一种方法是增加动作。右图是经过重新设计的助记图像。这一图像中,警察开枪打爆了不靠谱的闹钟。新图像通过动作增加了一点儿暴力因素,暴力总是更容易被记住。此外,图像的3个组成部分比先前结合得更加紧密,降低了被忘记的可能

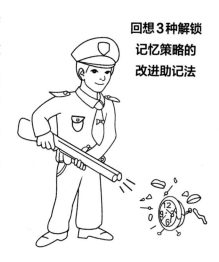

**回想3种解锁
记忆策略的
改进助记法**

性。你仍需要进行练习，但练习的次数可能会变少。

任何一种新的助记法，你都有必要快速客观地检验它在未来是否会像看上去那样有效。有时候，比如我这种情况，你需要在实践中加以改进。

Part 2

记忆应用

Memory application

第六章　提高记忆的途径

西塞罗是公元前1世纪罗马伟大的法学家和雄辩家，他对记忆的兴趣长久不衰。在那个讲词提示装置异常简陋的时代，他不借助任何帮助就能进行一场引人入胜的演讲。"记忆是演讲艺术的基础"，他写道。

在西塞罗的时代，记忆技能备受推崇。对他和他的同辈人来说，记忆有两种形式，它们之间的区别是本章的核心内容。第一种形式称作"自然记忆"，比如你说"爱丽丝记性很好"就是这种情况。第二种形式与提高记忆的技巧有关，叫"人工记忆"。这一名称不仅意味着可替代自然记忆，还包含"有技巧"的意思。这种活动需要记忆技巧的基本组成，即想象力和创造力。我们已经在记忆实验室里举过例子。

这两种形式的记忆西塞罗都擅长。可我们这些希望提高记忆的人该怎么办呢？他对记忆的区分给我们指出了两种可能的提高途径。其一，我们可以通过强化工作记忆和其他记忆系统的基础硬件来提高自然记忆；其二，我们可以接受自然记忆，在遇到困难时转而将注意力集中在记忆策略上。这两种途径在本章中均有涉及。

途径1：提高自然记忆

提高自然记忆的一种直观有效的方法是锻炼——这和增强肌肉力量是一个道理。历史上，该主张的发展较为曲折。一些早期的罗马人认为，死记硬背有助于整体记忆系统的开发。公元1世纪德高望重的教育家和演说家昆提利安就是这种观点的支持者：

> 如果有人问我什么是记忆的诀窍，我的回答是"练习和努力"。最重要的是用心去学，用心去想，如果可能的话每天都这样做。没有什么能力会像记忆这样"精于勤而荒于嬉"。因此，孩子们不仅要尽可能用心学习，而且任何年龄段的学生都应该不厌其烦地反复阅读和书写，逐字逐句地将学习内容刻入脑海。

昆提利安看到了"练习和努力"对死记硬背式学习和各种类型记忆的益处。正如肌肉训练一样，练出来的力量可以用于任何目的。这种观点一直被推崇至19世纪。19世纪80年代，威廉·詹姆斯率先对这种观点进行了验证，他在自己身上进行了一个实验。首先，他用8天多的时间分段背诵了一首法国诗歌中的158行，记住每行诗歌的用时是50秒。然后，他逐字逐句地学习了17世纪的英国史诗《失乐园》的第一部分，想以此来训练记忆力。这是一个不小的壮举——他用了38天，每天学习20分钟，记住了这800行诗。接着，他回到法国诗歌上，验证经过《失乐园》的训练他是否能更快地记住150行的诗歌。结果他失败了。事实上，记住每行诗歌的用时反而增加了，达到57秒。詹姆斯的努力无法支持死记硬背能够提高整体记忆的理论。

20世纪早期的心理学家对此进行了更复杂的研究。有趣的是，他们发现只有当用于测试记忆的内容与死记硬背的内容相似时记忆力才会提高。假如测试内容与训练内容不同，训练则毫无帮助。威廉·詹姆斯正是这种情况。他测试记忆的法国诗歌流畅有韵律，他训练时用的英国诗歌却呆板不押韵，两者完全不同。早期研究的引领者爱德华·桑代克推断，背诵莎士比亚十四行诗的学生能较好地学习十四行诗，但他们在学习姓名、日期、数字和《圣经》章节方面受益很小。死记硬背的局限非常明显。它能让人们学会适合特定内容的策略，但对整体记忆并没有什么影响。

这种观点是20世纪的主流。古人所谓的"自然记忆"和我所说的核心记忆功能似乎只适用于特定个体。研究人员并没有发现核心过程本身可以被强化的有力证据。过去的100多年里，记忆训练一直是注重掌握记忆策略，而不是提高核心记忆。

但到了20世纪末，3种新方法的突然出现，让这似乎早有定论的问题泛起了新的浪花。

○ 电脑训练

个人电脑和视频游戏的普及给一种新型心智训练提供了可能。科学家想知道，专门为工作记忆等认知能力的提高创作一个游戏会怎样？假如训练程序确实能提高工作记忆，并强化其核心过程，那么可能会非常有利，因为工作记忆系统与其他的重要认知能力——从阅读理解到液态智力和推理——都有关联。

2005年，瑞士研究人员托克尔·克林伯格及其同事对这种方法展开了一次颇具影响力的测验。他们为患有注意力缺陷多动障碍的孩子开发了一款记忆训练游戏。工作记忆缺陷是注意力缺陷多动障碍的主要原因，所以一种改善工作记忆的成功方法能真正让教育受益，除了有利于注意力缺陷多动障碍儿童外，还有利于患有阅读障碍、数学障碍、语言障碍以及工作记忆存在问题的所有儿童。

训练共有25部分，每一部分用时40分钟，包含基于视觉图形、数字和字母的90个记忆练习。例如，屏幕上先出现一个4×4的网格，这16个格子中的一个会变红1秒，随后红格子会在1秒内移动到新位置。重复几次。最终，屏幕上会出现一张空白表格，并要求学生按照相同的顺序——有时是相反的顺序——点击格子。

克林伯格和同事交替进行视觉记忆和数字、字母等语音记忆的训练。无论何种情况，孩子们都被要求专注于记忆内容，并努力记住它们。积分奖励及其他鼓励方式使得测试像游戏一样好玩。克林伯格的电脑程序设计是训练的关键，它能改变游戏的难度，使其既具有挑战性又不至于完不成——随着孩子们记忆水平的提高，记忆难度也会不断加大。第二组患有注意力缺陷多动障碍的孩子是对比组。他们玩同一款游戏，只不过游戏的难度固定在最简单的水平上，而不是像第一组那样逐渐提高。

训练结束后，研究人员用孩子们从未练习过的任务测试了他们的工作记忆。结果发现，第一组孩子的记忆力有了可靠的提高，第二组孩子则毫无进展。注意力和液态智力的其他测试显示出同样的结果。孩子的父母也报告说孩子的注意力缺陷多动障碍症状减轻，（但老师并没有如此报告）。6个月后的跟进测试显示这种提高仍旧存在。

克林伯格的研究表明了电脑在训练工作记忆方面的潜力。通过这种将记忆推向极限的强化训练，研究人员似乎成功改进了核心记忆功能，令昆提利安的基本假设焕发出新的生命。这一发现令人非常震惊和激动，意味着如果锻炼计划恰当的话，核心智力活动也会被增强。

然而，多年来，类似的研究很少取得成功。回顾近年来对几十个电脑训练的调查，结果让人难以理解。受训者几乎只在练习的工作记忆能力上有所提高，训练效果并没有影响到其他记忆的情况。后续测试中还出现了其他问题——多数研究发现这种提高只是暂时的。当研究人员转而实验诸如注意力和推理等一般认知能力时，几乎全部失败了。研究界的氛围从狂热转变成谨慎的观望态度——某些情况下则是彻底的怀疑。

但现在就对电脑训练的潜力做出定论还为时过早。在一个新的研究领域里，由于科学家尚在努力解决问题，研究结果往往比较混乱。关于如何训练、必备条件和如何测量训练效果，研究界莫衷一是。调整因素需要时间。对于那些工作记忆有缺陷的人——学业表现不佳的儿童、老年人、大脑受到损伤的人来说，电脑训练的潜在好处非常巨大。但电脑训练是否效果明显，我们必须经过实践才能确认。

同时，商业公司开始向求之若渴的公众提供训练服务。2009年，脑健康软件的市场估值在 265 000 000 美元，预计 2015 年将达到 1 000 000 000 美元。任天堂的《大脑时代》最先推向市场，随后是《思想火花》《学习 Rx》《假想科学》《动动脑》《记忆丛林》和《卡格美得》等一系列产品推出。它们良莠不齐，有的由持有证书的专业人士设计，有的则是业余爱好者的作品；有的是独立的电脑程序，有的则需要一名训练师；有的曾被用于研究，有的没有；有的很便宜，有的则要卖到数千美元。

这是一个充满竞争和热情的庞大市场，推销商乐于向顾客们保证他们的软件能促进智力的提高。《记忆丛林》的销售员不遗余力地断言，"《记忆丛林》是针对成功所需要的重要工作记忆技巧设计的。《记忆丛林》能提高阅读、写作和逻辑推理能力，还能训练学生的专注力和更快处理信息及具有挑战性概念的能力。"《思想火花》的定位甚至更加夸张："《脑健康Pro》和《脑健康Pro SE》里的大脑锻炼能提高记忆，恢复脑健康，并且降低患上老年痴呆的风险。不到3周，你的记忆力就会变好，这种训练效果将永久持续。"

这些都是没有证据支持的大胆言论。广受欢迎的BBC电视秀"爆炸理论"进行过一项大规模的研究，我怀疑这些产品的真实效果多数与研究结果基本相同。3种脑力锻炼方案被随机分给1万多名的观众志愿者。两种方案模仿流行的脑训练程序——一种着重于推理和解决问题的能力，另一种则需要注意力、记忆力和快速反应力。第三种方案由人为控制，他们在互联网上搜索诸如"亨利八世死于哪一年"之类的琐碎问题的答案。训练时间为6周，开始前及结束后都会对参与者进行记忆力和推理能力的测试。最终发表在英国著名期刊《自然》上的结果并不令研究记忆训练的心理学家惊讶。参与者在练习过的技能上取得了显著进步，但没有一组在更广泛的意义上取得记忆和推理能力的进步。"大脑训练"名不符实。正如昆提利安所言，购者自慎。

○ 佛学方式：正念冥想和核心记忆

20世纪90年代，一种与众不同的脑力训练方法出现了。临床心理学家开始将一种古代佛教徒的冥想练习——正念冥想，融入压力和情绪问题的治疗之中。

正念冥想力求完全掌握注意力。它被描述成"通过有意关注当下而产生的、对随时显露的体验的非评判性意识"。这种理念主张彻底体验正在发生的每一秒，并延长该意识保持的时间。正如一位冥想专家所说，正念看似简单但并不容易。一旦注意力从当下转移，此刻就会不知不觉地溜走。冥想者要学会发现导致分神的对象，并以一种非评判性的方式接纳它们，然后渐渐将注意力转回至当下。这是一个高要求的自上而下过程。

失去神秘色彩的世俗版正念冥想在20世纪70年代的北美非常流行。当时，马萨诸塞大学的医学教授乔恩·卡巴特·辛恩为遭受疾病压力困扰的病人开发的为期8周的正念训练方案得到了广泛采用。该训练包含3个部分：专注于呼吸的静坐冥想、关注他人的身体审视冥想和瑜伽练习。冥想期间，病人需要时刻关注当下和控制注意力——以一种缓慢和非评判性的方式。研究表明训练对病人有所帮助。这一成功促使心理治疗师将正念训练融入抑郁和其他疾病的治疗中，而且效果喜人。对于没有心理疾病的健康人群来说，该训练同样大有裨益，它能改善人际关系和减少负面情绪。

随着心理学家对正念训练的认可，认知研究人员想弄清其对核心记忆过程是否有效。冥想者在密切关注呼吸过程时，他们调用了基于自上而下的目的、执行控制、工作记忆关键过程、有意注意和推理的高级脑力活动。正念冥想能改善核心脑力活动吗？研究人员一直在致力于寻求该问题的答案，而迄今为止的结果是肯定的。例如，哥本哈根大学的克里斯蒂安·詹森和同事采用卡巴特·辛恩的方法教授一组学生练习正念冥想，并将冥想效果与没有接受放松训练或治疗的学生组进行对比。训练前后，各组学生进行了一系列实验测试以评估注意力、工作记忆和知觉敏感度。只有正念小组的学生在注意力和工作记忆方面显示出可靠的进步。他们也能在更短的时间内迅速阅读给出的字母，这意味着知觉更加敏锐。

其他研究也显示了类似的益处，注意力方面尤其明显。总之，冥想者能更好地一心二用和长时间保持注意力专注的观点具有十分令人信服的证据。这些改善不但能在更好的测试结果中看到，而且能在与注意力，特别是与自上而下的控制以及抵制干扰有关的脑区神经变化中看到——冥想增加了脑区的大小和互连。

正念训练似乎对记忆也有效。现有的研究结果通常与詹森的结果一致，即训练增强了工作记忆。事实上，鉴于工作记忆与注意力的密切关系，出现相反的结果才让人惊讶。长期记忆似乎也能受益。研究人员亚历山大·黑伦及其同事研究了正念训练对个人回忆的效果。在一项测试中，他们要求实验对象回忆生活中与"幸运""内疚"等不同提示词有关的具体事件。受过冥想训练的实验对象的回忆更为具体详细。这一发现表明，由于他们能更准确地找到记忆，所以才能更详尽地表达出来。

尽管正念训练作为一种能够提升包括记忆在内的核心脑力功能的方法似乎充满希望，但现在判断研究结果是否适用于更多情况还为时过早。而且，这些实验成果能否转化成实际利好同样是悬而未决的问题。

○　身体和记忆：体育运动和核心记忆

大家都知道，"生命在于运动"。最近的研究发现，运动对记忆过程也有益。针对老年人的研究结果尤其具有说服力，它表明运动与较低的记忆衰退率有关。一项规模庞大的多年研究随机招募了一批65岁以上的加拿大人。首先，研究人员评估他们的认知功能和运动水平。5年后，研究人员追踪最初认知测试在正常范围的4615名调查对象，并再次进行测试，检查他们在记忆、思考和判断方面出现的衰退迹象。那些不爱运动的老人记忆衰退的速度快了2倍。

加拿大的这项研究提出一个问题：久坐不动的老人是否可以通过

规律性的运动改善认知功能。答案似乎是肯定的。亚瑟·克莱默及其助手将124名年龄在60岁至75岁之间的久坐不动的老人分成两组。一组连续6个月每周进行3次40分钟的步行运动，这是一种加强有氧适能的养生方法。另一组则用相同时间进行拉伸和塑身运动。结果表明，步行组老人的注意力和记忆力有所改善。

其他研究也证实了这一结果。总体来说，运动能够改善久坐老人注意力、记忆力和处理速度这一结论得到了强有力的支持。但并非任何形式的运动都能带来改善。成功的训练计划采用了有氧运动或力量训练，或两者兼而有之。有氧运动的最佳选择是每周进行几次30分钟至60分钟的健步走。力量训练通常要用到力量训练器械或健身器材。一些证据表明，有氧运动和力量训练结合起来更加有益。类似拉伸这样的耗能低、动作慢的运动似乎没什么作用。

运动对其他年龄段的人群效果如何呢？青春期前儿童在运动期间显示出最强的认知优势。经常进行耐力和力量训练的儿童，无论在学业上，还是在高等任务所需的高级智力上，比如注意力、规划性、抗干扰等领域，都表现更佳。神经学研究表明，爱运动的儿童在处理包括记忆在内的信息过程中脑容量更大、脑活动更多。一些研究人员对久坐的儿童进行规律性的运动后进行了考察，结果发现他们在注意力、记忆力和自上而下的控制方面都取得了明显的进步。关于运动对青少年和中年人认知效果的研究不多，人们对此也所知甚少。尽管如此，还是有迹象表明两者间具有积极关系。一项研究表明，年龄在21岁至45岁之间久坐的成年人进行为期12周的有氧运动能提高对长单词的记忆能力。脑部扫描显示，运动期间长期记忆的重要脑区得到了加强。

需要多少运动量呢?

如果决心通过定期运动来提高认知能力，你该做什么运动，做多长时间的运动呢? 没有确切的答案，合理的方法是遵循科学的指导。对健康的成年人来说，建议每周进行150分钟相当于健步走的适度有氧运动。这是用于调查研究的各种运动方案的大致范围，每天平均运动大约20分钟——虽然150分钟能以任何方便的形式进行划分。力量训练也有益，至少对老年人是如此，建议每周针对主要肌肉群进行两次诸如举重、健美操、瑜伽等力量训练。

○ 增强自然记忆：最后的总结

那么，增强"自然记忆"是否可行呢? 首先，似乎存在增强的可能——这与20世纪科研人员的普遍共识相悖，他们多数认为自然记忆固定不变。因此，如果想提高核心认知功能，你有充分的理由尝试这些方法。就我而言，我努力保持规律性的运动和冥想，因为它们有许多益处。

　　如果采用这些强化方案，你可以期待多大程度的记忆改善呢？回答这个问题之前，我们先来看看衡量这些改善的测试。著名的"贝尔曲线"（下图）是对记忆测试结果的理想化描绘。多数人处于中间范围，少数人处于高、低两极。"50百分位"标记表示50%测试对象的成绩等于或低于该分值。

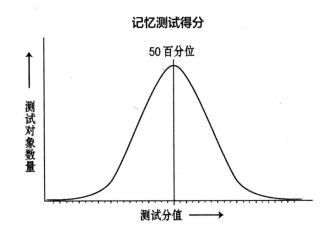

假设你在工作记忆测试中取得的初始分值处于50百分位，然后完成了一项经过验证的电脑训练。你会移动到贝尔曲线的哪个位置呢？基于现有研究所发现的电脑训练的平均受益值，下页显示的曲线图表明，你的分值可以上升到74百分位，即a处。这是一个很大的提高，但它建立在电脑训练与测试类型相符的基础上。如果用不同的工作记忆测试来判断其他情况下的提高效果，分值会下降到55百分位，如c点所示。

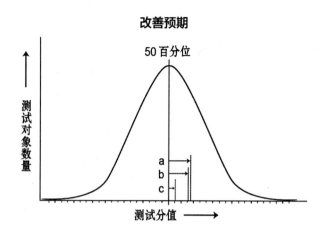

改善预期

50百分位

a
b
c

测试对象数量

测试分值

假如你是一名久坐不动的老人，经过规律性的运动会怎样呢？与不运动的老人相比，你的分值会从50百分位上升到71百分位，如b点所示。但是要注意，运动对工作记忆的改善效果在年轻健康的人群中通常并不明显。假如你坚持练习冥想的话，工作记忆的改善会让你的分值从50百分位升到72百分位，即贝尔曲线上靠近b点的位置。

你需要努力训练才能得到提高，也许要花上几个星期或几个月的时间。你还要进行定期复习训练来保持改善效果。不过，复习训练的频率和强度还有待确定。还有，记住这些改善是实验的结果。日常的记忆改善不一定会有明显效果。但对于采用这些方案的人来说，记忆改善的潜力是真实存在的。除了对记忆的影响，也许你在电脑游戏、运动和冥想上的努力还会得到其他方面的回报。

途径2：记忆技巧

现在我们转向另一种改善记忆的途径，古人称之为"人工记忆"，这是一种基于记忆技巧的方法。毫无疑问，熟练运用记忆技巧的人取得的改善效果非常明显。想一想在2分钟内记住一副牌的约书亚·弗尔和记住每一位观众名字的哈利·洛拉尼。建立在各种"龙法则"之上的专业技巧让他们能够重新打包和组织信息，从而形成更牢固的记忆。但你无须变成使用这些助记技巧的专业记忆术研究者。当被介绍认识一位名叫柯林斯的先生时，也许你会想象有一条温和的柯利犬跳到他身上。这样的话，姓名和人之间的随即配对立即转变成一种生动有意义的联系，你记起来也更容易。记忆技巧悠久灿烂的历史是经过实践检验的。即使对死记硬背满怀热情的昆提利安，也同样认可记忆技巧，并和他之前之后的其他老师一样将它们教授给学生。

但记忆技巧既不是灵丹妙药，也不是免费午餐。它们必须根据具体情况进行调整和应用。这意味着用来记姓名的技巧并不适合用来记数字——这两种情况需要不同的策略。在熟练掌握每一种技巧前，你必须遵循其独有的学习曲线。这需要自律、专注和努力，因为记忆技巧依赖于高级认知活动——注意力、自上而下的控制和工作记忆的脑力处理。以你如何创建柯林斯先生这一名字的视觉图像为例。首先，你有意识地寻找助记法；其次，你在记忆中检索一个和该名字发音相似的具象词。

当找到"柯利"时,你必须生成一幅狗跳到柯林斯先生身上的图像。

对记忆技巧的践行者来说,高要求也有好处。除了创建牢固的记忆之外,记忆技巧还激励你用智慧站在自己的角度思考,并提高你使用自身脑力资源的能力。实际上,你会发现最具价值的回报并不在于你记住的姓名或掌握的信息,而是思考能力带给你的成就感和自信心。我们生活在这样一个时代:机械设备让我们过得更加轻松,但常常极大降低了智力需求。Google不仅帮我检索信息,甚至还帮我拼写搜索词。记忆技巧则相反,它们依赖于智力,提供了一种对环境的控制感,让你感觉既刺激又满足。

本书接下来将研究具体情况下的记忆策略。你会发现科学早已揭示了如何让信息和事件变得易记,如何长期记住它们以及如何在需要的时候回想它们。你会知道某些情况难以记忆的原因以及如何调用记忆策略的力量应对它们。你会看到在不同场合下如何应用"龙法则"和其他记忆技巧。

记忆实验室:创建有效的视觉联想

视觉记忆法取决于图形提示和目标记忆信息之间的联系。本章记忆实验室研究的个案展现了在选择图形提示时出现的一个常见错误。请观察下页右侧那幅包含两种记忆改善途径的图像。

你可以看到创建图像的人在想什么。大脑图形是为了提示通过强化核心过程改善自然记忆，调色板则是为了提示记忆技巧。创建人还用宽路和窄路来提示记忆技巧适用于特定条件而自然记忆的改善适用于整体情况的观点。

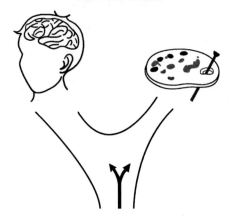

提示两种记忆改善途径的参考助记图像

那么问题出在哪儿呢?

该助记图像的缺陷是大脑图形并不能帮助回忆强化自然记忆的3种方法。为什么创建人会选择大脑图形作为提示呢? 如果追溯他的思考过程，我们会得到一个关于创建助记图像的重要见解。

首先，创建人很可能是通过思考3种核心记忆功能改善方法之间的联系来寻找帮助回想的提示。思考过程中，他将大脑的变化作为3者之间共同的联系。即:

电脑训练→大脑变强

冥想→大脑变强

运动→大脑变强

在创建助记图像的时候，大脑似乎成了3者之间的逻辑节点。问题是，在使用助记图像回忆3种方法时，联系是反方向发挥作用的：他会回想助记图像，然后思考：大脑→？？这就是助记图像的短板。

这是一个很容易犯的错误，也是许多无效助记图像的普遍原因：由于关联反向发挥作用，创建时看上去合理有效的提示在使用时收效甚微。

创建时：

记忆内容→思考记忆提示

使用时：

记忆提示→思考记忆内容

这意味着你要对记忆提示和记忆内容之间的联系十分敏感——联系必须在使用时起作用，而不是在创建时起作用。

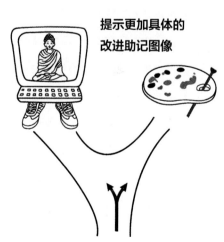

提示更加具体的改进助记图像

那么，怎么办呢？右侧的助记图像可以作为替代。改善自然记忆的提示建议换成以下图形：电脑游戏上显示佛陀正在冥想，游戏机上穿着的运动鞋代表运动。该助记图像能让你迅速想起3种改善方法。

第七章　记姓名

　　我在聚会上遇到了一段时间没见的前同事。我和女伴走过去，我们开始交谈。他介绍了他的妻子，我介绍了我的女伴。我很快转向他的妻子询问她的工作情况，但我发现我完全忘掉了她的名字——它不见了。我很尴尬，但糊弄了过去，我想她没发现。后来我听见她向其他人介绍自己，我才记起来。

　　班上的一名学生跟我说了这个故事，描绘了我们大多数人都熟悉的这一窘况。事实上，调查发现人们最常抱怨的就是忘记名字。尽管这种抱怨随着年龄而增长，但它其实与你是大学生还是老年人没什么关系。

　　忘记名字的原因有很多种。通常我们首次听到名字时是在一个忙碌的、存在很多干扰的社交场合。而且有些名字不太常见，这让它们很容易被忘记。不过还有一个因素在起作用。事实证明，即使名字很简单，我们很专注，名字的一些特性仍然让它们难以被记住。因为是名字，所以难记。

以下图中的两个卡通人物为例：律师法默先生和农夫罗伯茨先生。假设你在聚会上遇到他们，听说了他们的名字和职业。作为名字和职业，你更容易忘记哪一个"farmer"呢?

名字：法默先生（Mr.Farmer） 　名字：罗伯茨先生
职业：律师　　　　　　　　　　　职业：农夫（farmer）

研究人员萝莉·詹姆斯对类似"farmer"这样既能作为名字又能作为职业的词进行了记忆研究。她发现，作为名字的词更难被记住。她要求参与者学习图片所描绘的个体的名字和职业。她采用类似"farmer""baker""weaver"和"cook"等词，这样可以让部分参与者作为名字记忆，让另一部分参与者作为职业记忆，如上图所示。她同时纳入大学生和老年人来研究年龄的影响。随后，参与者被要求观看这些图片并说出每个人的名字和职业。结果很明显，如下页的柱状图所示：词作为职业时十分好记，但作为名字时则相反。和预期的一样，老年人在记忆名字时比年轻人更困难。但两组参与者在记忆职业时都不存在问题。

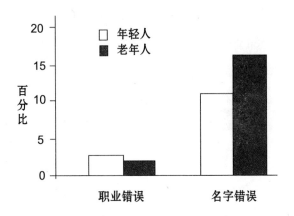

名字和职业的记忆结果截然不同

名字怎么了？

为什么一个词作为职业很容易记，作为名字却这么难记呢？这个问题的答案不但反映了记忆系统的内在特质，而且为名字的记忆提出了可行性策略。那都是因为你在回忆这个词时所能想到的可用联想，正如右图所示。当我告诉你罗伯茨先生是农夫时，你立即知道了他的一些情况——他会开拖拉机、种庄稼，会在田里劳作。之后，当你回想他的职业而记不起来时，你可能会记起一些相关的联想，比如他会开拖拉机，

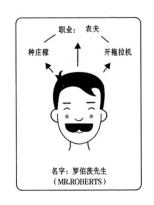

这会提示你想起他是名农夫。

但当你试图回忆起他的名字时，只有一条路。因为不存在任何附加联想——名字只是一个人的称呼，并没有其他意义。是"罗伯茨"还是"库克"无关紧要。如果连接名字和人的单一环节很脆弱，你就会记不住名字。没有第二条路可走。

那该如何改善对名字的记忆呢？上图显示实现这一点需要满足的3个要求。你必须记住人脸、名字以及两者之间的联系。任何一环有所薄弱的话，你就可能会在回想名字的时候脑中一片空白。我们会研究确保这一切不会发生的有效策略，并且从一个特别重要的步骤开始。

记住人

记住一个和人没有关联的名字毫无意义。这通常意味着名字与人脸的联系，身体部位与我们的身份联系最为紧密。如果你属于那类即使短暂相遇也不会忘记人脸的人，那太幸运了。不过我们其他人也有一些改善人脸记忆的方法。这是提高记忆名字能力至关重要的第一步。

人脸不是像鞋子一样的普通视觉对象，甚至也不像身体的其他部位，比如手臂或腿。人脸是婴儿关注的第一个对象，在我们的一生中提供帮助识别他人身份的关键信息，估计他们的年龄，判断他们的心情，猜测他们的意图。正是因为人脸极其重要，一些研究人员认为我们为此进化出了专门的神经回路用于分析和记忆人脸，这种回路使用人脸的两个不同侧面进行识别。我们可能会使用特定的容貌——大鼻子或迷人的眼睛。或者，我们可能会依赖对整体容貌的印象。当你第一次遇见某个人，特定的面部特征往往是再次认出这个人的最重要因素。这就是为什么你新近遇见的女性换了新发型或肤色变黑你就认不出来的原因。但如果你常常和她交流，你会越来越熟悉她的脸部整体布局，并对其全面认知。这种情况下，她换了新发型，你会泰然处之——也许觉得惊讶，但不会搞不清她是谁。

因为你在见到陌生人时对脸部的整体感知有限，较好的策略是找出具体的特征——硬朗的下颌线条或距离很近的双眼——以此联系名字和人。随着你对脸部的熟悉，最后其整体特性会和名字联系在一起，但这需要一定的时间。这种方法与专业记忆术研究者的忠告相符——找出一个突出的面部特征和名字联系起来。按照记忆大师哈利·洛拉尼和杰里·卢卡斯的说法：

你可以随意选择：头发或发际线，额头（窄、宽或高），眉毛（直、弯、浓），眼睛（细长、分开、靠近），鼻子（大、小、翘、平），鼻孔（大、小），高颧骨，脸颊（丰润或凹陷），嘴唇（直、弯、厚、薄），下巴（凹陷、后收、突出），纹路，粉刺，瘊子，酒窝——随便什么。

要做到这一点，你必须仔细观察人脸，但我们通常不会这么做。如果你对面部细节很不在意，在这方面需要额外努力。洛拉尼和卢卡斯建议，你在观察人脸时的第一印象特别重要。第一次见到斯宾塞时留意到的浓眉毛，很可能在下一次见到他时再次引起你的注意。这正是让你将斯宾塞和他的名字联系在一起的面部特征。

○　如果找不到突出特征怎么办？

第一次见面时找不到特征，下一次见面时很可能依然找不到特征。因此，与其寻找一个特征，不如尝试寻求对脸部的整体印象，并以此来关联名字。聚焦于眼睛下方脸部中央，集中于脸部五官的组合方式，不要看细节要看整体。你在研究脸部时运行的深加工也会帮助你进行记忆。

其他稳定的个人特质也可以用来联系人和名字——比如体重、身高或性格。如果你注意的话，神经质的习惯、肥胖的肚腩、汗毛浓密的手臂、鲜红色的指甲都可以当作记忆提示。你甚至可以利用服装和珠宝进行记忆，尤其是在你不可能再和这个人交流的一次性场合下。大圈耳环或深蓝色衬衫足以让你在该场合将名字和人联系起来。

○ 记忆脸部出现问题?

人们识别脸部的能力差异很大。一项研究发现，大学生在脸部记忆问题上与老年人存在着7倍的差异，难点包括把一个人误认成另一个人和认不出他们很熟的人，等等。

你可以通过特别关注人脸并确定其突出特征来提高记忆脸部的能力——从而记住名字。你可以在人流稳定的场合进行练习——比如购物中心或人行道。当一个人经过时，仔细观察其脸部，选择一个突出特征。如果你找不出的话，试试对脸部进行整体感知。几个人过后——可以先从两三个人开始——回想看过的人脸和你选中的记忆提示。

经过练习，你会发现这项任务变得越来越容易。正如记忆专家肯尼斯·希格比所言："实际上，每一张人脸都有许多突出的特征，可你必须训练自己去寻找它们。如此一来，你就会在人脸上发现更多的信息。"

创建牢固的名字——人联系：基本原则

至此，我们已经准备好实践名字——人联系的全过程了。我建议从记忆意向开始——记住名字的个体保证和实施计划。你想要记住名字的意志非常重要。给自己一个记住名字的理由——也许是为了留下好印象，也许是为了挑战一个锻炼智力的机会。它还可以让你对即将见面的人产生兴趣。他是谁？他有什么故事？当然，初次见面时你了解不到这些，但你可以打量他，记住他的名字。这些策略会增加你的关注性和积极性。

当你准备就绪，唯一要决定的就是应该记住名字的哪一部分。在多数社交场合，如果我说"我叫鲍勃·马迪根"，你只要记住"鲍勃"。相反，如果你正在拜见新教授，记住"马迪根"更重要。不论哪种情况，你只要记住名字的一部分，这会让记忆比较容易。

具体策略如下：第一种方法是确保人脸和名字的正确编码和紧密联系。它易于应用且好处多多。如果你只能记住本章中的一个观念，记住它。这个记忆名字的过程有4步：找到特征（Feature）、听（Listen）、说（Speak）以及实践（Practice）。我建议你将其记成一句离合诗：友好的羊驼寻找人类（Friendly Llama Seck People）。

○　找到特征

尽快决定你用来联系名字和人的特征，这样可以在初次见面时减少认知负担。通常，你在被引荐之前就能看见对方。这是一个观察他们并找到特征的好时机。是特别的面部特征？其他特征？还是整体印象呢？

○　听

　　介绍时注意力的分散会带来真正的麻烦，喧嚣的场合下很容易发生这样的事。你要严格控制自上而下的注意，确保名字完全进入你的记忆。由于老年人更易受到干扰而分散注意力，他们似乎特别容易遇到这种问题。如果你没听清名字，请对方再说一次。有些人觉得这很尴尬，因为它打断了介绍过程，但如果你想记住名字，必须要这么做。我发现人们根本不介意我请他们重复一遍名字——这显示了我对和他们见面的兴趣。

○　说

　　做好复述名字的打算——"艾玛，很高兴见到你"。养成这样的习惯很有价值，因为它涉及记忆实践。记忆实践是增强记忆最有效的方法之一。而且，你在说"艾玛"时，你又一次听到了名字。

○　实践

　　这是成功的关键。在创建连接时，它能够加强对名字的记忆和对特征的选择。复述名字是第一次记忆实践，但这还不够。你需要进行更多的实践，比如观察对方、关注你选择的特征和回想名字。抓住机会在谈话中提到新名字。也许这样有点儿过头，但实际上你不用大声说出名字，只需要在脑海里想象，比如"说得好，罗杰"。每一次实践都会增强名字和你选择的特征之间的联系。

　　记忆大师斯科特·海格伍德建议在5分钟内进行3次记忆名字的实践，这一点得到了研究结果的证实。心理学家彼得·莫里斯及同事要求人们在实验室和现实聚会中通过3次练习来记忆名字。实验室里，3次练习使得记忆的成功率飙升至200%。现实聚会中，由于许多干扰因素，记忆成功率会下降到50%，但这仍是一个很大的进步。

　　长时间记住名字——人脸的联系需要更多的实践，其频率取决于你与对方再次见面的时间间隔。假如很快再见——也许几天——那么初次见面当天晚些时候再练习一次就足够了。练习的内容是回忆对方、想象特征并记起名字。假如再见的时间间隔较长，可以使用第四章中介绍的"五隔法"。

名字——人脸更多的有效关联

　　哈利·洛拉尼记住所有观众名字的举动震惊了全场，其实他运用了先进的技巧。由于时间问题，他无法通过实践来增强记忆。相反，他通过创建联系名字与外貌的生动图像来记住名字。图像的力量足以让他不经过练习就记住名字。

熟练运用这种方法的效果是显而易见的。根据我的经验，这是记忆名字的最佳方法，因为生动的联想不需要太多的维护。它不但能帮你记住名字，而且能在名字和所选特征之间建立连接。缺点是，图像联想比"友好的羊驼"策略需要更多的努力和认知资源，有时候会超出你的能力。建议把这些先进的方法作为"友好的羊驼"策略的补充，如果你能付诸实施，记忆力会更强。

○ 记"名"的"影子技巧"

通常，我们会认识和初次见面的对象拥有相同名字的人。以"斯宾塞"为例。我认识一个叫斯宾塞的人，所以我可以使用这一知识点来记住陌生人斯宾塞的名字，比如想象熟人斯宾塞在拍陌生斯宾塞的背。稍加练习，你就能快速这样做，用熟人、名人或政客当作影子。

最有效的联想是让影子与目标对象的特征相互作用，比如想象熟人斯宾塞在拉陌生人斯宾塞的浓眉毛。这样的图像不但能帮你记住斯宾塞的名字，而且还能和他的特征联系在一起，这是一个理想的记忆提示。但我发现这个技巧有时太复杂了，于是勉强创建了影子拍对方的背、抱住对方的手臂，甚至只是趴在对方肩膀上看的图像。这帮助我记忆名字，然后我依靠实践来加强与对方特征的关联。

○ 记"姓"的技巧

你有时可以用影子技巧来记"姓"。假如你遇见了苏利文先生，你记得有个高中同学叫里克·苏利文，务必要利用这一点来创建影子。碰到"姓"是一个有意义的词时也很好运——如法默（Farmer）女士、加德纳（Gardner）先生和卡斯尔（Castle）女士。此时的策略是围绕词意和对方的联系创建视觉图像。你可以想象法默女士穿着工作服或拿着干草叉。同样的，你可以想象胡佛（Hoover）先生正在操作吸尘器，布朗（Brown）女士戴着棕色的大帽子。或者，也许克莱（Clay）女士有一头卷发，所以你可以想象她正在制作陶器，一些黏土碎片飞进了她的头发。最后一个例子的图像既连接起她的特征，又暗示了她的姓。这是一个名字——特征视觉记忆的全垒打。

不幸的是，"姓"通常无法直接翻译成图像，这时"替代词"技巧就成了唯一选择。在第一章里，我把"情景"和"语义"转换成记忆提示"外来的鲑鱼"。这一策略对"姓"特别有用。因此，遇见罗伯茨先生时，你可以寻找一个和他的姓发音相似的具象词作为有效的记忆提示。也许你想到了下图所示的"强盗（robber）"。你可以想象他拿着一只装着盗窃工具的包。如果创建的图像让你记住了"强盗"，你和他的姓之间就有了联系，这会大大提高记住的机会。

再举一个例子。我发现伯里尔（Burrill）先生高大健壮，于是想象他正举着一头惊讶的驴子（burro）。我想象古克（Gurke）女士在漱口（gargling），卢萨诺（Luzano）先生被松散的弹药（loose ammo）包围，考皮斯科（Kopischke）女士是名警察（cop is me），博伊兹顿（Boydston）先生是个胖男孩（boy ton），阿内尔

姓的替代词如何通过添加联想连接改善记忆

强盗（robber）

姓：
罗伯茨先生
（MR.ROBERTS）

（Arnell）女士带着报警铃（arm bell），提尔曼（Tillman）先生正在耕作（tilling）花园。马迪根（Madigan）教授可以被想象成他又疯了（mad again）。这些图像在连接到个人特征时最有帮助，伯里尔先生就是这种情况。

培养将姓名转换成图像的本领需要实践。尝试在每次认识陌生人时进入名字——图像的模式。把它当成一个游戏——类似于朋克喜欢在词语中发现隐藏意义或说唱歌手喜欢在用词时押韵。虽然不可能把每个姓名都转换成图像，但你的能力肯定会提高。这时，你会发现你对姓名的记忆实现了飞跃。

研究表明，大学生和老年人运用这一策略均能改善对姓名——人脸的记忆。该策略在实际记忆训练中也广受欢迎。特别值得注意的是

哈利·洛拉尼提供的技巧，他将其传授给众多高管、名人、军官和其他受众，同时也将其写在许多提高记忆的书籍中。其他记忆培训师教授的方法也和他的类似。

　　但要记住：掌握视觉想象法需要付出努力。这在快节奏的社会环境里尤其是一个挑战，你很难梳理脑力资源、找到具象词并创建图像。在两项研究中，学生在实验室学会了这种方法，并试图将之应用到实际生活，他们失败了。不过学生是新手——他们只是刚刚学会技巧——随着实践的增加他们肯定会进步。这项研究的教训是掌握这一有效方法需要时间。我建议你在运用基本的"友好羊驼"策略时尝试建立姓名——特征的图像。假如你成功将姓名转换成图像，务必要使用它；假如失败了，继续使用默认方法，并依靠实践来记住姓名、特征和它们的联系。

名字多的情况

　　你走进一名潜在客户的会议室。桌子周围坐着8名男女——介绍开始了。"约翰，我想让你认识一下哈利，还有萨莉……"每个人都朝你点头示意或伸手和你握手。记忆名字时，没有任何安排的情况更让人沮丧。这种情况根本来不及练习，你只感觉名字一个一个都溜走了。但你可以运用一些方法应对这种集体介绍，无论是在会议上、聚会上，还是你需要认识很多人的其他社交场合上。

重要的是：不要放弃。在记名字时遇到困难时，放弃很容易。但如果你能坚持下去，竭力运用"友好羊驼"策略，你可能会记住一些名字，这足以让你熬过介绍的时间，并进行记忆实践。假如你全神贯注，通常能记起忘掉的名字。

也有一些具体的策略可以帮到你。比如，你也许能挤出一点时间进行练习。每听到一个新名字，遵循"友好羊驼"策略，并在听到下一个人的名字回看一眼刚才的人，想想听到的名字。介绍结束后，立刻寻找更多的实践机会。

商业教练兼励志演说家唐·加博尔提供了另一个技巧。他称之为"字母链"，应用方法如下：听到名字时构造首字母缩写。如果你先认识的是卡梅伦（Cameron）和哈利（Haley），记住C-H。接下来是亚历克斯（Alex），首字母缩写变成C-H-A。尽可能地观察对方，通过练习记住名字。字母链适用于3到4个名字，否则就太累赘了。

○ 姓名游戏

有一个巧妙的技巧可以让小组里的每个人都能互相记住其他人的姓名。这种叫作"姓名游戏"的技巧最适合有人主导的场合。首先，第一个人自报姓名；接着，第二个人说出第一个人的姓名，然后同样自报姓名，以此类推，每个人在自报姓名前都要说出之前所有人的名字。鼓励其他小组成员一起在心里玩这个游戏。这么一来，一旦有人陷入困境，就能得到组员的帮助。如果有黑板的话，每个人在说名字之前可以写在黑板上，然后再擦掉。

　　除了提高记忆外，姓名游戏也很有趣。它可以起到"破冰"作用，让人们互相交流。研究人员彼得·莫里斯和凯瑟琳·弗里茨发现，与常规的介绍相比，人们在这个游戏里记住的名字数量要比正常记名字高出2倍。这一成功率是源于游戏提供的记忆实践机会。这种方法最适合约有12名成员的小组，虽然莫里斯和弗里茨的试验对象达到了25名之多。

最后的结论

　　记住姓名有许多益处。对于顾客服务和人际交往很重要的职业来说，记得住名字的人拥有真正的优势。正如1936年戴尔·卡耐基所说："记住，一个人的名字对他来说是语言中最甜蜜、最重要的声音。"在任何社交场合，记住一个人的名字并确立与对方的联系能产生好的结果，因为它建立起了一种个人联系。我在高校讲课期间深有体会。新学期伊始，我尝试在起初的几节课上记住学生的名字，随后我的讲课体验就会发生明显的改变。教室从人脸的海洋变成了个体的集合，因为我和每名学生都建立了联系。令人惊讶的是，这还是发生在我对学生除了名字之外一无所知的情况下。你也许会和我一样，发现运用技巧记住名字和人脸会有一种特殊的满足感。

下一章，我们会研究另一种能产生实际效用和个人满足感的记忆环境。我们将着眼于记住未来行动的方法，比如记住回家路上要去取干洗的衣物。我们会了解这些情况具有挑战性的原因，以及记忆策略如何降低我们到家时空着手的可能。

记忆实验室：失败孕育成功

记住名字的习惯不但能让你在社交上得到回报，而且是锻炼一般记忆技巧的绝佳方式，正如你锻炼诸如注意力、自上而下的控制、想象、创造力等关键的记忆活动一样。因为它具有挑战性，所以你未必总能成功。本章的记忆实验室，我们着眼于一个记忆技巧践行者无法改变的事实：偶尔的记忆失败。我要说的是，只要以正确的方式对待这些失败，它们便能磨砺你的记忆技巧。事实上，我相信失败对提高记忆技巧的贡献与成功一样，或者更大。

要从中获益，你必须将记忆失败视作技巧的问题，而非总体记忆存在缺陷的象征。假设你在会议开始时听到了4个名字，但忘记了其中2个。问自己"我的记忆怎么了"或心里想"老了老了"并没有帮助。这样的想法会让你担忧基本的记忆能力，它们对未来记忆的提高毫无作用。事实上，它们很可能只有反作用——因为它们传达出的消极预期很容易变成现实。

那你该怎么做呢？首先，接受并承认失败；其次，进行事后分析找到失败的原因。是粗心吗？信息超负荷？想象力差？练习不足？回想时不专心？如果你能解决其中的问题，将来就可能想到更好的方法处理类似的情况。我说"可能"是因为并非每一次记忆失败都能被预防。有时候，单纯是记忆技巧满足不了记忆需求。但通常情况下，你能想出一个更好的方法。此时，你就拥有了一个提高技巧的机会。尽量不要白白浪费失败。

第八章　记打算

　　记忆可以关于过去，也可以关于未来。你打算下班后去寄礼物，在周三之前付电话费，或者3点去见侄子贾斯汀。心理学家称之为"前瞻记忆"，它指的是记住将要采取的行动，能帮助我们保持健康、管理关系，让工作卓有成效。

　　前瞻记忆是一种特别容易出错的记忆形式。根据一项估算，人们遭遇的日常记忆问题超过半数与前瞻记忆有关。其中大多数是无关紧要的琐事——忘记干洗、没关走廊的灯、错过行政会议，或是讲座时忘带讲义。虽然令人尴尬恼火，但这些并没有造成太多不便。不过并非所有的前瞻记忆都这么温和。由于前瞻记忆与行动有关，遗忘可能会造成严重后果。

　　与此相关的有一种令人惊心的情况，其根源是出于提高车中儿童安全性的好意。研究表明，儿童坐在后座可以降低他们在交通事故中受伤的风险。20世纪90年代，儿童座椅必须安装在后座的法律被通过了。但这造成了一种可能：打算顺路把孩子送去日托中心的司机由于分心把孩子忘在了停着的车里。特别是在夏季，这种记忆错误可能会致命。虽然没有确切数字，但专家估算每年有15至25名儿童因为被忙碌的父母忘在上锁的车里而死于高温。

这样的前瞻记忆错误是怎样发生的呢？哪种父母容易犯这种错误？《华盛顿邮报》的专栏作者吉恩·魏因加滕调查了大量的案例，找到了答案。

事实证明，富人、穷人和中产阶级都会这样做。各个年龄层和阶层的父母都会这样做。母亲和父亲一样会这样做。无论是长期心不在焉的人，还是做事极其有条理的人，无论是受过高等教育的人，还是文化程度较低的人，都会这样做。过去10年里，把孩子忘在车里的有牙医、邮政人员、社会工作者、警官、会计、军人、律师助理、电工、牧师、希伯来语学生、护士、建筑工人、副校长，还有心理健康辅导员、大学教授、厨师、儿科医师和火箭专家等。

其实，与其说是特定人群的缺陷不如说是记忆的缺陷导致了这些事件。读过魏因加滕这篇荣获普利策奖的全文就会知道，人们很难避开这样的结论：在凑巧的条件下，我们中的任何一员都可能撞上这种情况，我们的前瞻记忆会犯错，然后导致灾难性的后果。

前瞻记忆因何失效

父母离开致命的车辆时，从没想到会发生一件可怕的事。他们下意识地认为，孩子已经在适当的时间下车了，就像过去经常发生的一样。事实上，他们是依赖一个发生作用的记忆触发器来提示让孩子下车的事。尽管触发器的提示方法有很多，但没有一样奏效。

为了弄清提示过程，我们先退一步看看前瞻记忆背后的基本动力，即未来实施行动的意向——这个案例中就是上班路上送孩子去日托中心。意向可以说是关于行动的记忆，但不是普通的记忆，因为它包含目标及实施的计划和动机。复杂的研究表明，意向一旦形成，即使人们不在想它，也会在认知系统中保持活跃状态，直到实现目标或放弃目标。西格蒙德·弗洛伊德很早之前就提到过这一点，他写道，意向"沉睡于人体，直到实行时间并醒来，并迫使他行动"。

但究竟是什么"唤醒"了意向呢？这个问题是许多前瞻记忆研究的难题。该领域杰出的研究人员马克·麦克丹尼尔和吉勒斯·爱因斯坦提出，实行意向的提示可以通过自上而下过程或自下而上过程被检测到。区别在于，我们是努力去寻找提示，还是仅仅等着它们自动出现。

在自上而下的情境里，我们刻意保持警觉直至提示出现，这一个过程称为主动监测。这是我们在做出很难找到提示这一预期时的策略选择。因此，如果你打算在图书馆之友的鸡尾酒年会上和老朋友打招呼，你在年会上可能会开启主动监测去寻找他。我们在计划事项特别重要的情况下会使用相同的策略。如果你打算在回家的路上停车加油，你可能会留意加油站。这两个案例中，主动监测的自上而下过程提高了实施计划任务的可能，尽管它并不能保证一定会实施。因为主动监测不仅会因为分心而偏离轨道，也会因为你在留意提示时做其他事情而遇到麻烦。鸡尾酒会上，在留意朋友的同时，你碰到了你的姐夫，随即被其关于融资的谈话吸引住了。主动监测需要大脑额叶自上而下的资源。如果谈话也需要这些资源，总有一方要妥协，结果就是要么寻找朋友的执行出现问题，要么谈话的执行出现问题，或者两者均出现问题。尽管自身具有优势，但就监测提示、促使实施计划行动而言，主动监测是一个要求很高、非常费脑的方法。

这就是悲剧发生之日忘记孩子的父母不太可能主动前往日托中心的原因。他们并未将带孩子下车这件事看作非比寻常，而是当成常规路线里的例行公事。如果他们思考过哪怕一秒，孩子就不会因为错过路口而受到伤害。因为他们肯定会主动观察，并及时停车。但他们的心态并非如此。相反，他们依赖于触发意向行动的第二种方式——自动响应提示并触发行动记忆自上而下的过程。这一过程称为自发回忆。研究人员麦克丹尼尔和爱因斯坦认为，我们偏爱用这种方式来应对未来的情况。

对父母来说，他们在需要改变路线和转向日托中心时很可能启动自发回忆。这样的地标会给司机一个提示：（1）与驾驶有关；（2）与预期意向有关。研究人员称之为"焦点提示"，因为它和驾驶人物及意向均有关系。这种组合特别可能唤起自发回忆。但"可能"不等于一定，它在这些悲剧中并没有出现。

错过路口后，记起日托中心这一站的概率变得更低，尽管自发回忆仍可能发生作用。也许沿路看见别的日托中心会让司机想起意向，但这是一场持久战，因为它不是与驾驶有关的焦点提示。一个随机的想法也可能开启自发回忆，但没有出现在该案例中。触发意向的最后机会是司机在目的地停车锁门时，但司机需要的提示——坐在后座的婴儿，不在视线焦点内。于是灾难发生了。

前瞻记忆的分析表明，当我们忙于其他事情且不在主动监测时，悲剧是必然结果。前瞻记忆的成功完全依赖对"蛰伏"意向的触发，这实际上是一个不确定的要求。过于自信也可能导致失败。我们倾向于有把握地处理这些情况：我今天一定会记住要付账单。我一定会记住寄礼物。我一定会记住3点的碰面。但事实是我们并非总会记住，于是当主动监测失效、自发回忆未发生时，我们会感到震惊和悔恨。

因此，处理前瞻记忆的情况要谦虚谨慎。虽然通常会成功，但前瞻记忆本身容易出错。幸运的是，你可以运用一些方法来改善这一情况。你可以为行动创建更好的外在提示。换句话说，你可以做好心理准备，在适当的时机帮助触发意向。

用外在提示改善前瞻记忆

我们都在使用外在提示辅助前瞻记忆。明天要寄信？把信放在车钥匙旁边。早餐时要吃药？把药放在咖啡杯里。今天有个约会？在电脑屏幕上贴张便签。

我们的理念是寻求一个触发自发回忆的刺激点，并让其成为焦点提示。多么简单的策略。那些与预期行动直接关联的外在提示最有效，比如钥匙旁的信和咖啡杯里的药。但一般提示也能奏效。前瞻记忆的经典补救方法是在手指上绕一根绳。其设想是，绳子会不时吸引你的注意力，从而提醒你计划要做的事。但绳子本身只是普通的提示，并不能传达预期行动的内容。

事实上，在手指上绕绳子非常少见。我见到过有人把手表倒过来戴，有人把戒指戴到另一只手，有人把背包放在不同寻常的位置，还有人想出了其他创造性的注意力吸引法。这些助记法十分有趣，它们表明我们通常并不需要被提醒具体行动，而只需要被提醒有件事还没做。只要意识到这一点，我们就会在记忆中找到这件事。如果任务很重要，我们很可能会想起它。

在遗忘代价很高的情况下——比如把应被送去日托中心的孩子忘

在车里——或者很可能出现遗忘的情况下，比如服用重要药物，外部提示尤其值得考虑，无论是特定的还是一般的。这些时刻，最好承认前瞻记忆的薄弱，并安排记忆辅助物。为了降低忘记婴儿的风险，建议在汽车后座放上必需的工作文件来建立安全的焦点提示。

但不是所有情况都可以添加外部提示，这时只能转向内在，随时做好在恰当时机响应的精神准备。而且，即使存在外部提示，记忆技巧的践行者也会选择放弃它，接受凭借自己的技巧来记住任务的挑战。这里有3个可以大幅提高成功率的技巧。

改善前瞻记忆的心理技巧

这些技巧可以缩写成代号"冰（ICE）"：执行意向（Implementation Intentions）、想象提示（Cue Imagery）、夸大意义（Exaggerated Importance）。3个技巧可以从不同角度对前瞻记忆进行改善。前两个提高自发回忆的概率，后一个激发主动监测。我们会按照研究的强弱顺序进行探讨。但这只能说明研究人员选择研究哪些技巧，而不代表哪一个技巧更好。如果你打算运用心理技巧改善前瞻记忆，我建议全部试用一遍之后再选出对你最有效的那个。在我的记忆课堂上，学生们各有偏好，前两个技巧很受欢迎，后一个技巧也有许多拥护者。

○　执行意向

这个技巧好用得难以置信。如果不想忘记服用维生素片，对自己说——就是字面意思——"明天坐在桌边吃早餐时，我会服用维生素片。"这就行了。这一简单的行为会大幅提升你服药的概率。其关键是，确定行为的时间和地点。只说"我明天会服用维生素片"或"我早餐时会服用维生素片"并不能起到作用。一定要包括时间和地点，这会使意向表现得非常具体。

尽管以往的记忆专家都推荐这一技巧，但只有心理学家彼得·戈尔维策提出了执行意向的基本理论，并进行了展示其潜力的开创性研究。如今，它作为增强前瞻记忆的一种有效方式已经得到了强有力的科学论证。虽然执行意向如何发挥作用尚在研究之中，但其中一种作用便是创建情境和行为之间的联系，比如：坐下来吃早餐→服用维生素片。这种联系为意向的自发回忆确立了提示。这也是为什么细节很重要的原因。"我要在早晨服药"这句话没有确定具体的时间。执行意向使得行为和触发提示之间的联系非常清晰。在预期行为的提示不太能引起注意的情况下，执行意向尤其有效——也许你想在回家的路上充电话费，但又担心遇不到什么可以提醒你的事。执行意向可以提高记忆的发生率。它们似乎也能抵消和年龄相关的注意力及自上而下控制的衰退，从而给老年人带来好处。

这里是一些大学生的成功案例。注意，句尾用惊叹号来表示承诺的严肃性非常必要。预期的行为必须是你真正想让执行意向实现的目标，不认真的意向没有作用。

早晨关闹铃的时候，我会给妻子设定7：45的时间！

晚上把碗碟放进洗碗机后，我会给朋友回邮件！

等吃完午饭走出餐厅时，我会把丹尼尔的东西从车里拿出来交给她！

艾伦走秀一结束我就付账单！

关于执行意向的一些要点至今没有定论。大声说出来是否比心中暗想更有效？下决定的时候应该重复几遍吗？需要想象采取的行为吗？研究人员进行了不同的研究，但并没有清晰的结论。我的建议是试试看什么对你有效。我发现当天重复一两次执行意向能提高它们的效力。

事实证明，该技巧并非只对前瞻记忆有效——它还对很多自我控制的情况有所帮助。比如，有时候不是记忆的问题，而仅仅是因为惰性：你也许记住了早晨的锻炼计划，但就是没那么做。或是你的计划被其他活动打乱了：在前往健身房的时候，你陷入了和邻居的聊天当中。执行意向能帮助你克服这些障碍。它们已被证明可在广泛的活动中发挥作用——运动、健康饮食、完成学业、服药、监测血糖以及胸透检查等。

"龙法则"之一的记忆意向是该技巧的又一个应用。这涉及创建一个具体计划来记住具体情况下的信息，以及对计划的认真对待。上一章中，我们看到了记忆意向对记名字的重要性——只要你想记住名字，并为此制订计划，记忆的成功率就会大幅上升。

○ 想象提示

该技巧与执行意向的目标相同——激发对预期行为的记忆——但过程很不一样。在某种意义上，两者截然不同。执行意向是精确的脚本化语言，想象提示则是点对点的视觉化创造。它更符合传统记忆技巧的特质。

举个例子来说。为了记住在回家路上停在便利店前买牙膏，也许你会在早晨停好车后想象你的方向盘上涂满了牙膏，以及这样一团糟地开车回家多么令人讨厌。其理念是巴甫洛夫的条件反射：当你回到车里看见方向盘时，就会想到"牙膏"！

与执行意向不同，该策略无须制订行动计划。提示仅会提醒你有和牙膏相关的事要做，它可以通过两种方式实现目标。一种可能是提示会让你在回到车里时清晰地想起方向盘的混乱景象，但其他时候提示的效果会更加微妙，像是一种有事没做完的古怪感觉，它足以促使你在记忆中搜索预定的行动。

以下是大学生想象提示的例子：

1. 我要在5折优惠券到期前去工艺品店买碎纸机，所以我想象前门到车中间铺满碎纸，并且有一台漂浮的碎纸机正在喷纸。它起作用了。

2. 我忘记把塑料袋带给回收商，所以想象一堆塑料袋被系在我男朋友的车后面，好像拖着一条尾巴。他来接我的时候，我就记起来了。

请注意，两个例子都把想象提示和一定会被注意到的刺激物联系在一起。这很重要，起到提示作用的刺激物必须是视觉焦点。它对想象的生动和独特也很重要。另一种很好的补充做法是给这种关联增添额外的情感暗示。方向盘上涂满牙膏的想象给提示增加了一个"恶心"的因素，这赋予其视觉和情感的双重属性。

以下是两个给提示添加情感吸引力的成功例子：

1. 我要拿化学实验报告，所以想象背包里有一个烧杯，里面装着需要小心携带的冒着泡的危险酸溶液。下课后我拿起背包，就想起了报告。

2. 我得在回家的路上去商店买纸尿裤。我想象副驾驶座上放了一堆恶心的脏尿布，结果我一上车就想起了纸尿裤。

想象提示不如执行意向被研究得多，但爱因斯坦和麦克丹尼尔报告说，参与前瞻记忆研究的实验对象通过添加想象提示提高了成功率。我的经验以及记忆课学生的经验也是如此。为了充分利用提示，你可以在稍后需要触发记忆的地点创建它们。这就是我为什么建议你坐在驾驶座上而不是离家之前想象牙膏提示的原因。当天复习一两次提示同样能增加它的效力。

○　夸大意义

重要性极高的行为更容易被记住，因为意义会让你不时记起它们。假设你买彩票中了一大笔钱，要在周三10点打电话给彩票办公室安排兑奖事宜。你觉得你需要在冰箱上贴一张便签提醒自己吗？不需要。这件事太重要了，它几乎会一直活跃在你的记忆库里。当一件事非常重要的时候，人们会使用主动监测来发现提示。这需要花更多的力气，但事情的重要性值得我们这样做。并且，事情越重要，主动监测就会越活跃。

夸大意义策略尝试把普通任务转变成超级重要的大事，以便主动监测会有效地发挥作用，在需要行动的时候提醒你。但如何将诸如停车买牙膏这样的日常任务转变成一件重要到能开启主动监测的大事呢？你需要的是一个充满想象的对策——你必须捏造和认可某些具有迫切性和必要性的虚假理由。因此，你可以如此想象：此时此刻，成群的细菌正在摧毁你的牙齿，而唯一拯救它们的希望就是买牙膏回家狠狠地刷牙。你可以告诉自己说，今天必须要买牙膏，否则牙齿会烂掉，给你的笑容留下一个一个空洞。你的目标是把预期行动转变成能够开启主动监测的重要活动。该技巧与想象提示的区别在于，这里的想象并未与激起自发回忆的焦点提示绑定。相反，它的目标集中在行为动机，并努力令其强到足以开启主动监测。

它并不适用于所有人，也不适用于所有前瞻记忆情境，但我发现它非常适合想象力丰富的人，他们喜欢挑战创造力，而且拥有足够的夸张天赋将普通的前瞻记忆任务转变成紧急的、戏剧性的场景。一切准备就绪后，它会是一种十分有趣的任务完成方式。以下是两名大学生的成功例子，但其中一名大学生可能想得太过火了。

1. 我打算买饼干。我说服自己，假如我没买饼干的话全世界的人类都会饿死，我的任务是拯救人类。真的有效。我买了奥利奥，感觉自己像是超人。现在我买饼干的时候脸上还会挂着笑容。

2. 我想要买猫粮。我有4只猫，其中两只很大。我想象如果我没有立刻拿到猫粮，两只小猫会变得虚弱不堪，两只大猫会变得凶猛并且想吃掉我。效果很好。我整天都在想着猫粮，晚上还做了一个噩梦！

在具体时间实施行为

当你需要在一个具体时间做某件事时，比如"4点打电话给水管工"，该行为的触发器可能会非常不稳定。通常情况下，随着时间的临近，你会减少主动监测，只是偶尔想一想。如果你的注意力不集中，会很容易错过提示。

解决该问题的一种方法是获取外在提示，比如设置手机闹铃或厨房定时器。但这对记忆技巧践行者来说有何荣耀可言呢？事实上，如果知道将在何时何地做何事的话，你可以创建一个可行的内在提示。假设你想在下午4点以前摆脱内部会议回到办公桌前。你可以创建一幅与水设施有关的、包含当时所有视线焦点的图像——比如一幅下水道喷涌出来的污水淹没桌子且损毁电脑的图像。创建触发自发回忆的图像也许不能完全取代主动监测，但会增加你适时监测和记住打电话的可能。

最后的结论

前瞻记忆会给记忆技巧践行者带来挑战，可能是令人满足的成功，也可能是令人难堪的失败。假如遗忘的代价不是太高，与其倒过来戴手表或者在墙上贴满纸条，为什么不试试这些心理技巧呢？你还会得到额外的收获，这3条"冰法则"都能有益于记忆技巧的锻炼。

事实上，你完全可以通过制订前瞻记忆任务来练习记忆技巧。不要立刻倒垃圾，运用一条"冰法则"来记住在付完账单后去做这件事。如果你发现有一盆植物需要浇水，为什么不看看你从商店回来后是否记得去做呢？类似这样的自发性任务——你很容易就能想出更多——让你在实践记忆技巧的同时，也能尝试不同的助记方法。成功会带给你成就感，并让你树立起对记忆的信心。一如既往地要关注失败，弄清楚问题出在哪儿，并从中吸取教训。

记忆实验室："冰法则"助记图像

在本章的记忆实验室，我将介绍"冰法则"的助记图像，如下图所示。当然，"冰法则"很简单，没有助记图像也能正常发挥作用。我提出助记图像的主要原因是，我希望本章也有一幅视觉图像，就像前面的章节一样。我们在第十四章探讨记忆官殿时，它们会再度出现。我会向你们展示如何为这些图像创建一座记忆结构的官殿，并掌握每一章的关键要点。它会为你提供一个本书重要理念的概略，让你能在脑海中随时取用。爱斯基摩人的图像以及它所关联的"冰法则"

在记忆宫殿中也有一席之地。

　　这幅图像有个值得一提的特点。回想一下，助记图像的目的是加快取回语义记忆。"龙法则"和"友好羊驼"法则的助记图像提示了与其相关的离合诗的首字母——"浪漫的龙（Romantic dragons）……"和"友好的羊驼（Friendly llamas）……"。有趣的是，"冰法则"的因纽特人图像不仅仅提示了首字母缩写——灯泡暗示了记忆中的一个意向。对我来说，这是一幅理想中的助记图像，因为"亮起的光"与需要前瞻记忆的助记情境有关，而因纽特人能为此起到语义上的帮助。这些提示很可能会同时发生作用，从而让你迅速记住该助记法。

第九章　记信息

新信息从四面八方涌入我们的生活。明天的天气预报、最近的政治丑闻、修改后的膳食指南，以及网上一则关于森林大火的新闻报道。这些信息大多在我们的生活中是无关紧要的，而我们最终也会忘记它们。本该如此。记忆系统被调整成记忆有用信息，但多数日常的新信息达不到标准。虽然我们有时会记住稀奇古怪的事——比如猎豹能跑多快或是老电影的一句台词——这些都是例外。我们会忘记大多数用不到的信息。

有趣的是，我们有时也会忘记重要的信息。这可能是因为我们不会立即用到它们，比如你的孩子哮喘时该怎么办。也可能是因为你面临的信息数量太庞大，比如下周的生物测试或是工作需要的新规程。好消息是，正如本章章名所示，我们有巧妙而高效的方法来记忆这些容易被忘记的新信息。

在讨论这些策略之前，我们先来考虑一下如果不采取任何措施增强记忆力的话新信息会怎样。70多年前，作为爱荷华州州立大学博士学位论文的一部分，心理学家赫伯特·斯皮策进行了一项关于遗忘进程的经典研究。他要求来自爱荷华州91所学校的3605名6年级学生阅读中性色彩的叙述短文。庞大的学生数量意味着他可以把他们分组，并在不同的时间段测试每组学生，从而挖掘学生是如何在63天的时间里记忆信息的。

　　斯皮策对每一名学生进行了选择题测试。在0、1、7、14、21、28和63天后，每一名学生都经过了测试。结果如下图所示，表明了随着时间变化的遗忘进程。请注意曲线的形状——许多细节学生记住后很快就忘了，其他信息则随着时间流逝逐渐被忘却。这就是那些不被使用的信息的结局。

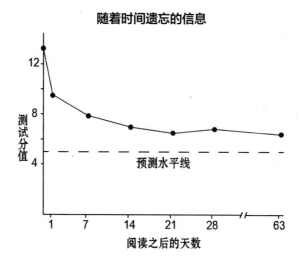

随着时间遗忘的信息

信息的遗忘曲线多种多样。它们的形状与斯皮策发现的相类似。当信息特别难记时——比如你刚学的日语词汇——遗忘曲线的时间可能是数小时而不是数天。另外，关于朋友生日聚会的细节很可能和斯皮策的遗忘曲线形状相似，但时间是数月而不是数天。

对抗遗忘的方法是在前几章里探讨过的"龙法则"和专业助记技巧。我们在这里会进行详细的阐述，进一步深入研究记忆实践，即通过反复练习"龙法则"来增强记忆。众所周知，记忆实践一直是提高信息记忆的可靠方法之一，而且最近的一系列研究已经明确了它的最佳应用方法。

记忆实践的选择

假设你刚刚获得了一个容易忘记的新信息：希腊记忆女神的名字，谟涅摩叙涅。下面的简图显示了应用记忆实践来更新及加强名字

加强记忆希腊女神名字的3种方法

记忆的3种方法。

回想：回想是最直接的方法。我们以此掌握了许多随时可用的信息——朋友的名字、配偶的生日、信用卡的取款密码。我们每回想一次这些信息，记忆就会得到加强，并随着时间流逝而变得坚如磐石。

识别：准备学业能力测验（SAT）和医学院入学考试（MCAT）的学生会采用选择题这种形式的记忆实践。当他们识别出正确的答案时，信息记忆力就会得到加强。

复习：第三种方法中，记忆会因为复习而变强。想想走向讲台前最后看一遍笔记的演说者。

科学家在研究这些方法的有效性时发现，效果是否最佳取决于人们在实践过后多久进行测试——同一种方法，立刻测试时最有效，延迟测试时则效果欠佳。这一结论来自华盛顿大学的研究人员亨利·罗迪格和杰弗里·卡尔皮克的一项研究，他们将回想和复习进行了对比。他们要求大学生阅读一些类似于海獭主题的短文。阅读结束后，研究人员给了他们一些额外的复习时间，或是重看几遍材料（复习），或是努力回想他们能记住的内容（回想）。接下来，研究人员将学生分组，并在不同的时间段之后进行测试——有些在5分钟后，有些在2天或一周之后。

结果如下图所示。当练习结束5分钟后进行测试，复习比回想取得的记忆分值要高。但在2天或一周后进行测试时，回想的优势更显著。一周后，使用回想方法的学生要比使用复习方法的学生记忆率高38%。记忆间隔更长的研究表明，在所有延迟性测试中，回想依旧是练习策略的首选。

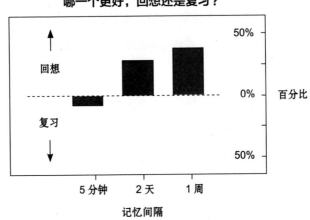

那么识别呢？选择题是加强记忆的一种有效方法——它的益处等同于回想。但如果进行全面直接的比较，通常回想要更好一些：回想无须冒着会记住错误选项的风险，但识别可能会出现这样的情况。

记忆实践的反复

罗迪格和卡尔皮克只允许学生进行一次记忆实践，但现实情况需要多次记忆实践。即使只记住"谟涅摩叙涅"这个名字几个星期，很可能你也要练习好几次。事实证明，如何练习与使用何种记忆实践方法同样重要。假设你决定练习5次谟涅摩叙涅的名字，那就必须决定是一口气完成练习还是分5次进行练习。在第四章介绍记忆实践时，我建议要间隔练习，并提供了多米尼克·奥布莱恩的"五隔法"作为参考：在1小时、1天、1周、2周和1个月后进行记忆练习。关于这样的间隔法，我一会儿会详述，但在此之前我们先来考虑一口气完成5次练习的情况。

有些学生为了准备考试会采用这种方法——高强度的学习时段里，他们一遍一遍复习课本和笔记，直到觉得自己记住内容为止。25%至50%的大学生将这种"填鸭式"方法当作主要的学习方法。由于所有练习都在一个时段里进行，因此心理学家把这种形式称为"密集式"。它的短期记忆效果非常好，让很多学生避免了考试不及格的命运。但它有一个严重的缺点：记忆的生命力很短，学生可能会发现考试一周后，他们就再也不记得那些曾被塞进头脑里的信息了。这是一个不幸的事实，密集式练习带来的是薄弱的长期记忆。

这引出了一个关于记忆实践的主要观点：提高信息记忆力的最好方法取决于情境，如下图所示。你需要的信息是用于诸如下周的会议演讲之类的即将发生的一次性场合吗？那么在几小时内做好准备，并不断复习直到牢牢记住。这种情况下使用复习方法不仅比回想花费更少的脑力，而且能立即产生加强记忆的效果。但你在这样做时需要充分认识到，你只是暂时掌握了这些信息——可能会很快又大量地遗忘它们。假如信息对未来很有价值，那么通过回想来练习记忆会更好。你可以使用我一会儿要阐述的自测方法，并进行间隔记忆练习。这样才能建立起长期记忆。

记忆练习建议

短期使用 （数小时内）	长期使用 （数天内或更长时间）
大量密集复习 记忆练习建议	反复间隔回想

这两种策略并不相互排斥，在诸如重要演讲这样的实际情况下，明智的做法是在早期练习中同时使用回想和自测，接着在重大时刻来临前进行一次填鸭式练习，加强复习而不是回想。这不仅能提高短期记忆表现，还能为良好的长期记忆打下基础。这也是学生有效学习课程的方式——既能在考试中获得好成绩，又能记住长久不会忘的知识。

○ 为什么间隔记忆练习会有效果？

加州大学洛杉矶分校的记忆科学家罗伯特·比约克提出，间隔记忆练习得益于间隔里发生的遗忘进程。如果你等到明天再回想谟涅摩叙涅的名字时，它就不会像现在这样鲜活，因此需要脑力进行记忆。比约克说，"记忆正是得益于这样的脑力活动"。他称其为"理想困难"，而且这似乎是长期记忆从练习中受益的一个必备条件。如果你很容易就想起记忆，练习几乎没什么收获，但如果你要努力一下才能想起，就会形成长期记忆。

"理想困难"这一概念解释了在形成记忆的过程中回想优于复习的原因。当在回想时，比如希腊记忆女神的名字叫什么，你消耗的脑力会转变成未来更好的记忆力。但在复习相同的信息时，比如"她的名字是谟涅摩叙涅"，虽然你在正确地更新记忆，但没怎么用脑，因此记忆的改善也不会太长久。

那么，什么程度的困难比较合适呢？假如要使长期记忆的效果最大化，那么越难越好，即使记忆间隔的时间长到你根本什么都想不起来而不得不重新学习。相比于间隔较短、难度较低的回想，这样的经验从长远来看对记忆更加有益，能让你成功记住信息。也就是说，重新学习并非不可避免，我宁愿不等那么长时间再练习也不想忘记信息。

"五隔法"就是将该理念付诸实施的例子。其原理是，获悉信息后很快开始记忆练习，此时你仍能回想起来；之后，随着记忆的增强继续进行间隔时间更长的练习。比约克和他的同事托马斯·兰道尔把这种方法称作"扩展记忆练习"。只要选对了间隔时间，你就能以较少的失败体验"理想困难"。这会让你对自己的记忆感觉乐观和自信，不会因为失败而感到自卑。该方法得到了专业记忆术研究者的认可。

你想要记住的信息是使用"扩展记忆练习"的最好入门。假设你想给银行账户设置一个更安全的密码，于是按照银行的建议设了一个超级安全的密码：kRm-3bY。这对记忆是个挑战，假如你想记住它肯定要进行间隔练习。初始记忆后的首次练习尤其重要，因为早期的遗忘十分迅速——我们在遗忘曲线里已经看到了这一点。记忆新信息要优先考虑这一极其易忘的时期。在早期的记忆练习中，"理想困难"十分重要。假如太快进行首次回想，很容易就记住信息，你获得的益处就小。但如果等太长时间，你会因为想不起来而感到沮丧。

这就要"刚刚好"——你要经历足够的困难，但不能太过。回想失败时，你很容易判断练习间隔等得太长。但你怎么判断等待的间隔"刚刚好"呢？这里有一种实用的判断方法。注意回想与想起两个时刻之间的滞后效应。即使非常细微的滞后，都意味着你的系统正在努力回忆。你也许有过这样的体验，"密码是……啊……kRm-3bY"。将此作为"理想困难"的标准。如果回忆要求你更努力，那就更好了。

"理想困难"理念解释了"五隔法"作为经验法则而不是硬性规定的原因。你最好在一开始就使用它，以便根据记忆内容的种类和记忆时间的长短进行调整。如果内容很难，比如像这个密码，那就缩短间隔。如果内容简单，那就放宽间隔。如果你想建立长期记忆，那么练习5次也许并不够。

○　为什么记忆间隔练习运用并不普遍？

　　尽管回想比复习优势明显，学生却很少在学习时使用这种方法。一个原因是通过自测和回想来记忆信息更有效果。但还有其他理由。对学生来说，回想似乎不像复习那样有效。假设我们让大学生回答下面的问题：

　　两个不同班级的学生阅读同一篇文章。A班学生在读完之后要写下记住的内容。B班学生在读完之后还有一次复习的机会。一周后，所有学生都进行了与文章有关的记忆测试。你希望哪一个班级得分更高？

（a）A班　　（b）B班

　　记忆研究人员詹妮弗·麦凯布向大学生提出了一个相似的问题。她发现，尽管回想在这种情况下起到的效果要优于复习，后一种策略却仍占据了压倒性的优势。为什么学生会犯错呢？也许是因为答案来自他们自身的经验。他们知道，一遍又一遍的复习会加深对阅读材料的记忆。那些信息看起来清楚又鲜活，随着复习轻快地浮现在学生的脑海里。但在自测里回想信息时情况并非总是如此——你需要花费更多的脑力去记忆，所以看起来似乎记得不那么牢固。站在学生的立场来看，哪一种方法效果更好显而易见——复习。罗伯特·比约克认为这是一种复习过后产生的"能力幻想"。那一刻，自信的感觉让学生断定他把材料记得很熟，并且希冀在几天后的考试中一样记得很熟。但这是不可能的。填鸭式的学习中也会产生"能力幻想"，那时你会感觉很有把握地牢记住了信息。也许这在当时是事实，但不能就此误认为建立起了长期记忆。

"能力幻想"极具诱惑力。它们很容易误导人们错判记忆力，并怂恿学生采用破坏长期记忆的学习方法。最好的预防方法是使用经过验证的记忆技巧，并根据现在的记忆强度谨慎预测未来的记忆力。

利用记忆实践的力量

当你要记住不需立即使用的困难信息时，永远要将目光投向记忆实践。虽然助记法能减少实践的次数——通常会大幅缩减——但即使掌握了很好的助记法，记忆实践仍大有裨益。以下是几种方法：

○ 阅读—练习—复习

只需一轮练习就能使困难的内容变得清晰，令其更易记忆。例如，假使你正在阅读的新闻报道描述了两个关于缩减五角大楼开支的相反论调，你可以通过一个即兴进行的自测来确保自己牢牢记住了它们。你只需要读完一段后暂停，回想读到的内容，检查它的正确性，然后再继续。研究人员马克·麦克丹尼尔及其合作者要求大学生完全按上述方法去做，证明了快速自测的益处。他们阅读一段文章，然后在复习段落之前大声说出记住的内容，以此作为检测。研究人员发现，这样做的记忆效果要优于阅读两遍文章或记阅读笔记。在阅读一段棘手但重要的文章后停下来自测是提高记忆效果的一个简单而有效的方式。

○ 分享

和别人讨论是提高记忆效果的又一种方式。微软创始人及慈善家比尔·盖茨阅读兴趣非常广泛。在一次电视采访中，他说他经常和妻子梅琳达讨论阅读的内容。他还打理网上日志，在那里回顾和评论读过的书。这些分享非常有益，促使他去回忆，并加强了对他所发现的观点的刺激，从而为长期记忆做好了准备。

○ 自测

假如你下周将面临一次极具挑战性的生物学测试，或者你正努力记住新工作的规划，你会需要一个更系统的方法，而它应该包含间隔记忆实践。有效的策略是采用一种可以提供提示的自测形式，这不但能让你回想信息，而且还能反馈你的答案。教科书上的阅读问题和练习测试能起到这种作用，但至今最受学生欢迎的自测策略其实是抽认卡——一项调查发现有三分之二的学生在使用它们，而且不仅仅是大学生。从网上提供的资料判断，抽认卡的商业生产市场庞大而有利可图。市场上有帮助幼儿认识色彩和形状的抽认卡，有帮助学习乘法和除法的抽认卡，有帮助掌握化学、历史、文学和心理学的抽认卡，有帮助通过学业能力倾向测验、研究生入学考试（GRE）、医学院入学考试和其他重要考试的抽认卡。与纸质抽认卡竞争的还有网络自测中的电子抽认卡。抽认卡——无论是纸质的还是电子的——几乎创造出了一个自测的理想环境：你阅读记忆提示，尝试回想信息，然后检查答案的正确性。

也许你担心这种记忆实践只适合狭隘、死记硬背的学习，可这并没有证据支撑。事实上，自测与一系列令人满意的教育成果有关。它不但能帮助记忆测试信息，而且提供了大量相关信息。随着记忆实践的增加，学生能更好地将信息应用于新情况，而且能更容易地学会相关知识。例如，华盛顿大学的研究人员用电子抽认卡教授一组学生如何分辨雀科、黄鹂科、燕科和其他鸟类科目。其他学生研究鸟类分科的次数相同，但没有先回想他们的答案。那些进行记忆实践的学生不仅能更准确地分辨他们研究过的鸟类，而且能更准确地猜测他们没见过的鸟类科目。

SCRR法

该技巧改编自抽认卡，以便使用各种印刷材料，而无须准备专门的卡片。它能让你迅速建立自测的环境。SCRR是以下步骤的首字母缩写：

分割（Segment）：将材料分割成核心观点。

提示（Cue）：为每个观点创建提示。

回忆（Retrieve）：利用提示回想观点。

复习（Review）：检查记忆的正确性。

为了说明这种方法，我在下面的文章中进行了应用。首先，我在文章中找到了值得记忆的要点。我喜欢用下划线突出显示，并且已经这样做了。我做的记号越明显，越容易突出真正有用的信息。接着，我检查做过记号的内容，通过添加延伸至页边的横线将材料分割成主要观点。选择在这里很重要，因为并非所有的文章都具有值得记忆的观点。你在寻找的信息应该重要到值得你花费脑力去记忆。我在文章第一段打了一个"×"，意思是忽略它，因为它没那么重要。随后，我在余下的文章里发现了两个主要观点，并标记了段落。我为每个观点创建了一个提示，并写在页边的空白处。提示可以是一个词、一个短语，甚至一幅画——任何与观点相关的都行，只要能给出足够的暗示又不至于泄露内容。每个段落都相当于一张抽认卡，而提示词则相当于抽认卡正面的内容。

用下划线对文本进行分割和提示

当然，教育不止和记忆有关，但记住课程内容的需要难以避免。不仅是为了考试，而且有利于打下坚实知识基础的学生在其他领域获得成功。批判性思维、创造力、问题解决能力以及技术能力这些宝贵的教育成果会吸收利用之前在教育活动中学会和记住的知识。

关于学习的第一个要点是，学生投入的时间与学业成就的关系极其不成比例。许多成绩平平的学生在学习上的时间和尖子生一样多，但收获却不同。学生之间存在知识水平差异远不能解释其中的原因。大量数据显示，学生学习到的知识经常会面目全非。这种失败的代价非常高昂，值得努力去改进。
学习&成绩

学习可能会指向两个全然不同的目标：学习新知识或者学习新技能。第一种情况关于诸如历史、生物或心理学之类的课程内容，学生必须掌握课堂和课本教授的大量知识。第二种情况出现于英文写作、数学和计算机编程这样的课程，学生要生产产品或解决问题。知识虽然是满足这些要求的必要条件，但还不够。这些建立在技能基础上的课程，学生需要程序性知识才能表现优异，而这种程序性知识只能在经验中获得。
两类课程

提示准备就绪，就可以开始第一次自测了：覆盖文章，只露出提示，然后回想相关信息。最后一步是复习信息。这应该等到你看见提示就能想起所有信息时再进行，虽然推迟复习能让记忆受益，但你不应该跳过复习这一步——研究表明，复习能提高自测的效果。

自测多少次？

在完全掌握信息之前，你需要反复进行自测。至少，你要自测到能够通过提示词完美地回想一次为止。有证据表明，能成功回想3次更好。无论你使用传统抽认卡还是SCRR法，都适用这一点。

经过最初的学习，你可以判断你还需要多少次间隔练习，这取决于记忆信息的时间要求。在一项记忆复杂学术信息的研究中，每隔一周进行5次练习，一个月后的记忆率是63%，4个月后的记忆率是48%。对于这类内容，每隔1小时、1天、1周、2周和1月的"五隔法"应该能产生相同的效果。练习次数越多，记忆就会越好。

○ 整理信息

我发现将信息整理成有组织的结构有助于记忆实践的进行，因为它能帮助关联信息。我偏爱由英国记忆培训师托尼·布赞提倡的一种叫作"思维导图"的视觉图像法。现有的研究表明，导图有助于记忆，但我发现使用导图进行记忆实践时会产生一种特别的益处。为了说明这一点，我创建了下面这张描述本章关键信息的导图。我先在中心放上"记忆信息"这个主题，接着为每个主要观点添加辐射线。在每条向外延伸的辐射线上，我添加了分支用以标示重要概念。布赞建议用图画、色彩和花纹装饰思维导图，以便让它更容易记忆。

本章重要观点思维导图

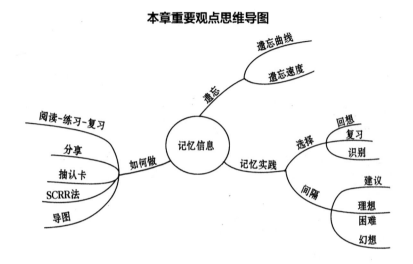

使用思维导图进行记忆练习时，请将词目作为记忆提示来回想具体信息。然后快速复习一遍以检验正确性。在导图不太复杂时，你也许发现不需要思维导图就能记住它。这让你得以练习信息整理和信息记忆。

○ 永久性存储

我们会长期记住某些信息。回想一下你的高中生活或地理课、科学课。如果花上一点时间，你几乎肯定能回忆起课堂上那些几年都没回忆起的琐碎信息。俄亥俄卫斯理大学的研究员哈利·巴瑞克把这种信息的长期存储称作"永久性存储"——你似乎永远不会忘记这些信息。

巴瑞克在研究西班牙语的长期记忆时提出了"永久性存储"的概念。他征召了约 600 名毕业时限在几个月至 50 年之间的卫斯理大学毕业生。事实证明，多数毕业生在研究时限里很少使用西班牙语，这让他得以研究时间带来的记忆变化。下图是他给出的西班牙语——英语词汇的测试结果。

学习西班牙语的大学校友毕业后进行的西班牙语词汇测试结果

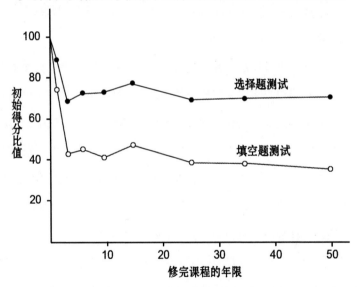

首先看选择题的测试结果，它们稳稳地停留在上一次西班牙语课程得分的 70% 处。抢眼的是，持平的线条表明知识在 50 年里存储得十分稳定。当学生需要真正回想而不是识别答案时，他们的表现有所下降，但同样存在一个稳定的记忆期。两条不同的曲线显示了永久性存储的优势差异。选择题可以让学生记起在回忆测试中记不起来的知识——例如，一名学生可能会正确选择"红发的"作为"pelirrojo"的解释，但却无法独立想起它的意义。

稳定性是永久性存储的主要特征——遗忘似乎无视了这些记忆。巴瑞克关于永久性存储的发现相当出人意料。继他的开创性研究之后，这一概念得到了更多的实验支持。数学知识、童年时代的街道名称以及高中同学也是永久性记忆的例子。

信息如何不被遗忘，并成为永久性记忆的呢？巴瑞克梳理了大量的样本，借以寻求学生特质与其永久性记忆数量的关联。他发现了两个主要因素。一是初始学习的水平。在巴瑞克的测试中，西班牙语课成绩达到"A"的学生通常比成绩为"C"的学生得分要高50%。初始学习的程度越强，成为永久性记忆的知识就越多；二是学生选修的西班牙语课程数量。每多上一节课，不仅能让学生学到新知识，还让他们有机会练习上一节课所学的内容——与其他学科不同，外语课为所学内容的间隔记忆实践提供了机会。这种额外的练习表现在永久性记忆中。其他具备常规实践机会的环境同样展露出大量永久性存储的知识。一个引人注目的例子是对高中同学的记忆。巴瑞克发现，即使在35年后，人们匹配年鉴照片和同学名字的正确率达到将近90%。他将这种难忘的记忆归因于贯穿整个高中生活的实践机会。

巴瑞克的记忆曲线表明，多数遗忘发生在记忆减弱的最初几年。他认为，只要记忆在最初的3至5年内存储下来，就会变成永久性记忆，并稳定存储数十年。巴瑞克的研究透露出一个关键信息：扎实的初始学习搭配间隔记忆实践，能让新信息安全度过最初阶段，最终成为永久性记忆。

最后的结论

当需要记住重要信息时，记忆技巧践行者有两个选择。首先，改进信息在记忆中的编码方式。这是一个有效的开端，改进方法也多种多样，"龙法则"值得最先尝试。其次，创建记忆后，就需要通过实践来加强记忆。这两个选择相辅相成，是对抗遗忘的有力途径，甚至有时能形成永久性记忆。

○　记忆实验室：押韵助记法

押韵助记法由来已久。我会在第十三章里详细探讨韵脚和韵律。此处的目的是邀请你尝试两种押韵助记技巧，具体体验一下这种方法。

首先，举一个赞颂间隔记忆实践优点的押韵例子：

亨利

曾经有个男孩叫亨利

他试图提高自己的记忆

他练习要记的信息

隔一段时间记一次

结果发现自己拥有了好记忆

第二个押韵例子可帮助记忆SCRR法：

分割，提示

练习，回顾

你在回想押韵诗时，尽量夸张它们的节奏，比如"曾经有个男孩叫亨利/他试图提高自己的记忆……"你会发现，夸张的节奏会让押韵诗更容易记忆。

以下是我推荐的一幅视觉助记图像。它将记忆提示编在一幅叫亨利的卡通形象图里，上面有一个字母"H"（押韵诗Henry的提示），一个表示"停止"的圆形（SCRR法首个单词"segment"中"s"音的提示）。我还添加了一幅哑铃的图像，用以提示"五隔法"和"理想困难"之间的联系。你需要实践才能记住亨利图中蕴含的信息。建议设计一份练习时间表，并评估它的效果。

帮助记忆信息记忆改善方法的图像

第十章　记数字

2005年11月20日，中国陕西省咸阳市杨凌区居民，23岁的吕超背诵圆周率至小数点后67890位，超越之前的纪录，在《吉尼斯世界纪录大全》上赢得一席之地。迄今，他仍是该纪录的保持者。

在他之前创造纪录的是一名日本人，这让吕超很不满意。"是中国古代数学家祖冲之发现了圆周和直径的比率"他说，"中国人理应在背诵圆周率的比赛上赢得第一名。"2004年，他开始认真训练，每天练习3至5个小时，有时多达10个小时。他估计当年花了1300个小时用于训练。这很艰苦——他饱受失眠、挫折乃至脱发的困扰。

吕超起初打算背诵至小数点后90000位。过程中，他需要在裁判面前清晰地说出每一位数。这是一项令人精疲力竭的任务。根据吉尼斯的规定，连续两位数之间的停顿不能超过15秒，因此他既不能

吃饭也不能上厕所。24小时4分钟后，他在背诵第67891位小数时将
"0"误背为"5"，结束尝试，并创造了现在的记录。

但吕超获胜中最引人注目的——也最令人惊奇的——却是他的记
忆力并非天生卓越。创造纪录的几年后，也就是在他27岁那年，他
配合中、美心理学家进行了一系列的记忆测试，其中包括记数字和记
词语。测试结果表明，他的天生记忆完全处于正常范围，这项非凡成
就是运用记忆技巧和艰苦努力的结果。

令人惊叹的不止吕超记住了如此繁杂的信息，而且内容还是特别
容易忘的数字。数字乏味、抽象，且毫无特色。对于寻求无穷无尽
的、没有意义的数字的人来说，圆周率是一个完美的源泉，因为你想
要多少位小数就能算出多少位。记数字的实用方法唯有依靠助记技
巧。本章中，我们会研究各种从简单到复杂的数字记忆方法，其中就
包括吕超使用的那种。

不过在此之前，你可能会问为什么我们要烦恼于学习如何记数
字。我猜你和我一样，对挑战吕超的纪录没有一丁点儿兴趣。现代社
会，你几乎没必要记数字。电话号码、目录编号、地址以及到达目的
地的路线，可以统统存储在电子设备里。所以记住数字有什么好处
呢？我们知道其他内容的记忆技巧会产生实际功效——它们能提高你
记名字和记信息的能力，能改善你记忆未来任务的前瞻记忆。但记数
字却是另一回事。它值得我们花费精力吗？当然，这取决于你的决

定，以下是我的个人看法。

○　循序渐进

事实上，数字给记忆技巧的践行者提供了小而有价值的挑战。你只要短时间的专注，就能记住很多数字。但这项简短的任务会调用最高级、最复杂的脑力活动——注意、工作记忆和自上而下的控制——它们伴随着你使用记忆技巧而将乏味的数字转变成易记住的信息。而你在成功记起它们时，也会获得深深的满足感。这是一种你能轻易回避但却特意选择参与的脑力锻炼。就像那些错过电梯选择爬楼梯的人一样，拒绝外部帮助的记忆践行者选择依靠自身的努力而不是人造设备的帮助，他们会得到其他人得不到的锻炼回报。我建议运用记忆技巧记数字的人保持这样的心态：将挑战自我、锻炼脑力和获得个人满足感当成目标，而将实践效益当成额外的回报。

如何记数字：三种简单方法

记数字的关键是找到让这些普通对象变得具体和易记的方法。有时候这并不需要花多大力气。

○ 找出模式

通常我们理所当然地认为数字没有意义，也不会仔细研究它们。电话号码279-9980看起来是混乱的一串数字，但如果你仔细观察一下，就能从中发现可以帮助记忆的有趣特点。找这一方法的本质是——你真正去研究数字，并从中找出有意义的内容。

如果数字很长，最好将注意力集中在2位、3位或4位数字上。你可能会发现一个数字序列，如3456；一个日期，如1492；奇数或偶数序列，如1357；某人的生日，如614→6月14日；对称数，如383；数量关系，如257→2+5=7；家人的年龄，如36；重复的数字，如4466；电话区号，如206；或是一个家庭门牌号，如1600。

我们再来看279-9980这个电话号码。你能从中找到些什么吗？由于人们在数字里找到的模式和关联极其个人化，因此答案并没有对错之分。以下是我的发现。首先，我注意到的是数字9——不仅是数列中有3个9，而且头两位数字2+7=9。我还注意到前三位数（279）逐渐增加，后四位数（9980）逐渐减小，并且后四位数与9×9=81相差无几。

得到这些不同观察后，我还需要什么来记住这个数字呢？如果只是短期内使用，可能就不需要其他了，观察会让我很快记住它。

如果我想记得时间长一点，或者感觉数字很容易忘，可能就需要做几次回忆。

　　这种方法还有一个更重要的好处。尽管目标是找出数字间的模式或联系，但在记忆中进行搜索的深加工过程同样具有价值。这意味着即使你想不出或找不到模式或联系，也可能因为所做的努力而牢牢记住数字。专注于数字，并从各个角度进行研究以找出模式，由此激发的大脑活动会让数字停留在你的记忆中。

○　数字离合诗

　　还有一种将数字转变成意义实体的方法是运用修改过的离合诗。这一方法中，记忆提示是一句话中每个单词的字母数量。以密码6327为例。你可以通过句子"汤姆王子很富有（Prince Tom is wealthy）"来记住它。单词字母的数量就是数字——Prince（6）Tom（3）is（2）wealthy（7）。因为句子有意义，所以相对容易记忆。以下例子特别适合那些需要用到圆周率的人们——这个句子可以让你记8位数："我多么希望我能轻松地算出pi（How I wish I could enumerate pi easily）"（3.1415926）。

　　数字0是离合诗策略中的一个麻烦，可行的解决方案是用一个以"z"开头的单词来代替0。这样的话，3306可以被编成"狗玩得很开心（The dog zestfully played）"。还有一个无法解决的问题，那就是并非所有的数字都能编成句子（试一试9119）。不过大多数情况下，修改过的离合诗是长期记忆数字的一个有效方法。

○ 数字—形状法

形象化是为数字增添实体意义的又一种方法，该方法至少可追溯到17世纪。其中一个技巧是充分利用与数字形状形似的具象物体。

以下是一些具体例子：

0：球、车轮、地球仪

1：蜡烛、火箭、铅笔

2：天鹅、镰刀、鸭子

3：手铐、双下巴

4：船上的帆、杆上的旗、斧头

5：海马、钓鱼钩、蛇

6：高尔夫球杆、大象鼻子、樱桃

7：回旋镖、悬崖峭壁、木工尺

8：雪人、沙漏、眼镜

9：系着绳子的气球、网球拍

你可以想象副驾驶座上坐着一只巨大的海马，以此记住你把车停在了车库的第五层。至于26号下午3点的牙医预约，你可以想象一只拿着高尔夫球杆的天鹅正在指控一名戴着手铐的牙医。数字—形状法最适合一位数和两位数。

○ 想象日历

数字—形状法的一个很好的应用是想象日历。它基于这样的原理：如果知道一个月中第一个周日的日期，你就可以计算出当月的每一天是周几。如果知道12个周日的日期，你就拥有了一年的想象日历。举例来说，假设我想知道妻子的生日8月27号是周几。我记得今年8月的第一个周日是8月3号，三个周日后是21+3=8月24号，所以我知道她的生日会是周三（24+3）。或者我想知道6月的第二个周二是几号，我要在这一天参加一个会议。我知道6月的第一个周日是6月1号，所以我推算出第一个周二是6月3号（1+2），因此第二个周二是6月10号（3+7）。我会在下文中解释如何使用这种方法。

首先，你需要记住一年中的12个周日日期。我结合了月份图像和日期的数字—形状图像。月份图像的选择因人而异，以下是一些参考：

1月——新年宝宝　　2月——丘比特

3月——狮子　　　4月——傻瓜

　　我将每个月的图像和合适的数字—形状图像结合起来。比如，2014年1月的第一个周日是1月5号，所以我想象一个骑着海马的新年宝宝。2月的第一个周日是2月2号，所以丘比特在喂一群天鹅。通过临时练习，这些图像很容易记住。就像所有日历一样，一年结束后我必须换上新一年的日历。我保留了原来的月份图像，但创建了不同的数字—形状提示。为了区别不同年份的图像，每一年我都会选择独特的色彩，并将它运用到每一幅图像上。今年，我所有的日历图像都拥有鲜艳的红色元素——比如新年图像中的红海马和丘比特图像中的红天鹅。明年的图像则会以蓝色元素为特征。色彩的增加有助于减少混淆不同年份图像的概率。

如何记数字：基本记忆法

　　现在我们来看一种帮助记数字的强效方法。这种古老的方法久经考验，但叫法不一，比如基本记忆法、语音记忆法、数字—音节技巧、数字—辅音技巧或者数字—发音法。心理学家艾伦·派渥发现，其早期形式可追溯至1848年。19世纪中期，记忆术研究者将其改进成现今的版本。该技巧得到了历代记忆术研究者的认同，至今还被广泛应用于各种记忆表演和记忆竞赛。

基本记忆法的主旨是将数字转变成有意义的单词。这需要一个联系数字和发音的代码，并且是一个只能使用辅音的代码。比如，"t"和"d"的发音对应数字"1"。元音和清辅音不对应任何数字，因此它们可以用来创造单词。这意味着数字"1"的表现形式有许多种："tie""doe"或者"dough"。每一种形式里，抽象的数字都被转变成有形、具象的实体，这会大大提高数字的可记性。诸如"11"这样的两位数可以用具备两个t/d发音的单词表示，比如"tot""tide""dad"或者"duty"。

下面的表格显示了相应数字的具体发音，同时也显示了代码作为助记法的原理以及它们的使用规则。

基本记忆法的常规数字——发音

数字	发音	辅助记忆
0	z,s, 轻声 c	"zero"
1	t,d	每个字母都1竖
2	n	2竖
3	m	3竖
4	r	"four"
5	L	L在罗马数字里代表50
6	j,sh,ch, 轻声 g	把j倒过来像6
7	k,q, 重音 c 或 g	想象两个7组成一个k
8	f,v	f的手写体像8
9	p,b	p倒过来是9，b转过来是9
数字 – 发音规则		

· 未列出的发音——元音及 h、w、y——在造词时可自由使用，并且不代表任何数字（hat=1，woods=1p）
· 不发音的辅音没有数字意义（lamb=53，knife=28）。
· 单一发音的重复辅音只代表一个数字（mummy=33）。

· 字母 x 不在使用之例。

若想体验一下代码的感觉，试试解码这些两位数字：

bell、coin、chef、lily

现在试试找出对应这些数字的单词：

41、19、47、35

三位数表达的例子可以看这些从英制单位到公制单位的度量换算：

1 英寸 =25.4 毫米（kneeler）

1 英里 =1.61 千米（dashed）

1 磅 =0.454 千克（roller）

原则上，任何数字都可以用这种方法改写成具象单词。记忆专家哈利·洛拉尼和杰里·卢卡斯挖掘了这种方法的可能，他们将20

位数字9185-2719-5216-3909-2112编码成了"a beautiful naked blonde jumps up and down"这句话。实际上，很少有长数字可以这样表达。即使有，也需要很多时间才能识别出来。这就是为什么基本记忆法最常见的使用方式是将长数字分成一位或两位的数字块，再用标准单词对每个分块进行编码的原因。

假设你想用这种方法记忆电话号码279-9980。首先，你要将它分成2+79+99+80。接着，你要将标准单词代入这些想要记住的分块——标准单词完整列表显示于下一页。结果是：hen（2）+cop（79）+baby（99）+fuzz（80）。你可以创作一个故事将它们结合起来，并将之形象化：一只母鸡（hen）装扮成警察（cop），担忧地照看着一个宝宝（baby），这时吹来了一团绒毛（fuzz）。

基本记忆法的110个数字码字

0 — zoo	12— tin	34— mower	56— leech	78— cave
1 — tie	13— tomb	35— mule	57— log	79— cop
2 — hen	14— tire	36— match	58— lava	80— fuzz
3 — ma	15— towel	37— mug	59— lip	81— foot
4 — rye	16— tissue	38— movie	60— cheese	82— fan
5 — law	17— tack	39— mop	61— chute	83— foam
6 — shoe	18— taffy	40— rose	62— chain	84— fur
7 — cow	19— tub	41— rat	63— chum	85— filly

续表

8 — ivy	20— nose	42 — rain	64— chair	86— fish
9 — bee	21— net	43 — ram	65— cello	87— fog
00— sauce	22— nun	44 — rower	66— choo-choo	88— five
01— suit	23— name	45 — roll	67— chalk	89— fob
02— sun	24— Nero	46 — roach	68— chef	90— bus
03— sum	25— nail	47 — rock	69— chip	91— bat
04— seer	26— notch	48 — roof	70— case	92— bone
05— sail	27— neck	49 — rope	71— cot	93— bum
06— sash	28— navy	50 — lace	72— coin	94— bear
07— sock	29— knob	51 — lad	73— comb	95— bell
08— safe	30— mouse	52 — lion	74— car	96— beach
09— soap	31— mat	53 — lamb	75— coal	97— book
10— toes	32— moon	54 — lure	76— cage	98— beef
11— tot	33— mummy	55 — lily	77— cake	99— baby

　　基本记忆法足以灵活应用于各种需要记忆数字的情况。比如，我有一把密码锁，虽然每年最多只用一次，但却用想象把密码记了很多年：一名卡通版的妈妈（ma）挥着煎锅追着尼禄（Nero）跑，他拿着一根火柴（match）冲向罗马放火（3-24-36）。为了记住我和牙医在26号下午3点的预约，我想象他邪恶地笑着，上下门牙间露出一道巨

大的缝隙（notch），正在给一名卡通版的妈妈（ma）看牙。如果我看见一间新餐厅的广告，想去松树街6541号试试新口味，我会想象一名大提琴手（cello 65）正在为坐在一棵松树上的大老鼠（rat 41）演奏。

　　研究人员发现，基本记忆法能改善大学生记忆数字的能力，前提是他们使用码字，并且有时间学习。加里·帕顿及其合作伙伴对学生进行了一个简短的基本记忆法培训，然后要求他们记忆一个22位的数字串。他们给一部分学生提供了码字，另外一部分学生则被要求自由发挥。结果表明，得到码字的学生比没有码字的学生表现得要好。这让研究人员感到非常吃惊，因为通常自己创造助记符要比使用别人的助记符好，但其他研究也证明了这一发现。因此我们的经验是，打算使用这种方法的人应该记住0-99的码字表，而不是试图去即兴发挥。

　　通过认真的练习，基本记忆法能切实有效地帮助提高数字记忆力。杨百翰大学的记忆研究人员兼记忆大师肯尼斯·西格比将基本记忆法教给4名学生，然后给他们40个小时练习记数字。最后，3名学生能在3分钟内正确记住50位数字，还有一名学生的最好表现是记住了50位数字中的42位。俄亥俄州大学的研究人员及记忆大师弗朗西斯·贝莱扎教会了一名学生基本记忆法，并且帮助她一起练习使用这种方法记忆电脑屏幕上一次出现的一长串数字。经过100个小时的练习，她能记住80位数字，正确率99%。

　　这些努力表明了大量练习带来的可能，但在现实世界里，基本记忆法的应用并不需要这种程度的训练和投入。毕竟，你在现实生活中没有需要记住80位数字的需求。对于日常生活中的各种数字来说——地址、手机号、身份证号、信用卡号、价格、尺寸、产品编号、日期、时间——掌握基础的基本记忆法就能满足需要了。你会在记忆实验室里看到如何快速掌握它们的一些建议。

○ 变体

为了参加记忆比赛，参赛选手改进了基本记忆法。这些创新被选手们称作"武器竞赛"，他们争相寻找更快、更有效的信息编码方式。英国顶尖的记忆大师本·普利德摩尔用扩展的基本记忆法记忆数字和日期，其中0-1000的数字都有独立码字。它的优势在于，一个长数字可以被记成以3位数为单位的连续分块，而不是像基本记忆法那样的两位数分块。这让普利德摩尔在记忆长数字时可以少记一些图像。它的劣势则是需要大量练习才能有效使用技巧。普利德摩尔因其给世人留下了深刻的印象，比如他在2008年世界记忆锦标赛上1小时内记住了1800位数字。

八届世界冠军多米尼克·奥布莱恩发明了另外一种基本记忆法的变体，其基础是把数字与人物联系起来——他用不同的人物对应00-99中的数字，每个人物还做着不同的动作。比如，拿着一瓶酒的艾尔·卡彭代表13，在黑板上写字的阿尔伯特·爱因斯坦代表15。该方法的聪明之处在于，它能只用一幅图像来编码4位数字。假设奥布莱恩想要记住1315，他就想象艾尔·卡彭（13）正在黑板上写字（15）。通过结合前两位数的人物和后两位数的动作，他可以用基本记忆法所需的一半图像记忆长数字。奥布莱恩和普利德摩尔发明的记忆法变体对那些决心熟练掌握奥运会级别技巧的记忆比赛选手比较有意义，但对那些以消遣为主的记忆术研究者来说，这些方法就只适合远远欣赏了。

○ 吕超的方法

吕超用来记忆67890位数的方法与基本记忆法类似。他将圆周率分成10位数的组，再把每一组数字分成2位数的块。接着，他用自己建立的一套00-99代码将每个分块编码成一个具象词，然后将每10位数的码字编成一个生动的故事。以下是他为圆周率前十位小数编的故事："一片玫瑰（14）花瓣被一只鹦鹉（15）咬下来送给雷锋（92），他正在牛舍（65）里抽烟（35）。"每一个故事都前后相连，创建出长长的叙事链。虽然这种方法的原理很简单，但处理故事需要大量的记忆练习。

吕超的策略为他提供了两种基本的数字助记方法。一种是将数字变成容易记忆的对象——具象的、形象化的、有意义的实体。一种是将码字以一种他能按顺序记忆的方式绑在一起，这就是他所创作的故事的功能。这种双管齐下的方法——一方面专注于单个记忆信息，另一方面专注于对它们进行组织——在其他有效的记忆存储中很常见，特别是我们将在第十四章里探讨的记忆宫殿。

最后的结论

日常生活中的数字的重要性各有不同，有些数字与其依靠记忆，不如把它安全地记录下来。然后，还有很多数字你可以通过助记策略来记忆。诚然，你可能会因为搞砸了而放弃记数字，但这种可能也会激励你继续努力，并在实践过程中提升记忆技巧。记住，伴随你的还有高级脑力活动的锻炼，你凭借的是自身的脑力资源而不是外在的设备。这些认知过程与智力的关系最为密切，适用于各种形式的脑力挑战。

记数字最好首先使用找出模式的技巧。当数字不算长，且很快就会用到时，该策略完全能让你记住它。离合诗和数字—形状法适用于特殊情况。还想再进一步的话，认真的记忆技巧践行者应该考虑使用基本记忆法。这样做对记忆术研究者来说，在一定的程度上是非常可行的。你也许会像我一样，发现掌握如此强有力的记忆方法是多么令人满足，而且还有过去几个世纪的记忆术研究者在陪伴你。

记忆实验室：如何掌握基本记忆法

本节中，我们将学习并运用基本记忆法的110个基本码字。第一步是要掌握上文中给出的每个数字的对应发音。句子"撒旦也许喜欢咖啡派（Satan may relish coffee pie）"可以作为记忆提示，它解码后得到的就是0123456789。记住数字的对应发音后，你就可以开始学习110个码字了。之前的表格（第176页）显示了我用的一套码字表，如果你不喜欢哪个词或是发现它很难记住，可以考虑为该数字换一个更好的词。网络上有现成的资源可用作具体数字的码字——试试搜索"基本记忆法生成器"。

学习这么长的码字表的最佳方法是分块。先学前10个码字，等你能轻松背诵它们之后，再学后面10个。每学完10个码字，复习前面的码字以确保你仍然记得它们。你会发现辅音提示非常有用。如果哪个词成了阻碍，那就换一个词。现阶段你要做的是能一口气按顺序说出这110个词。

接下来，随机进行码字练习，以便你能快速想起任何一个数字的对应码字。使用抽认卡是一个好方法。你也可以利用在线网站和手机应用软件练习码字，搜索"基本记忆法训练"就能找到它们。进行间隔练习，直到你能轻松掌握码字为止，如此而已。你要准备好随时寻找机会使用这种方法。此外还有一个好处：当你在夜晚辗转难眠时，只要复习复习110个码字，你就能睡着了。

第十一章　记技能

咖啡机后的调配师看了一眼等待调配的订单——中杯脱脂香草拿铁——迅速行动起来。往杯子里加4份无糖香草；磨咖啡、捣咖啡；倒入两份浓缩咖啡并将之与香草混合；在金属水罐里倒入适量的脱脂牛奶。接着是关键一步，用蒸汽喷嘴发奶泡，并让温度保持在150度。她将牛奶倒入杯中，在顶部留下适量的泡沫，然后完成了订单。盖上杯盖后，拿铁就为顾客准备好了。调配师立刻转而准备下一杯。在这一繁忙的岗位上，她有时1小时要调制100杯咖啡。

但这个订单并没有完成。"对不起！对不起，"顾客说，"这杯拿铁不够热。"调配师可能对此心存怀疑——她的设备经过仔细保养，完全维持在正确的温度。事实上，这种抱怨与其说是针对咖啡，不如说是针对咖啡机。不过即使她有这样的想法，你也看不出来，因为她受过的训练开始发挥作用。在和顾客对视过后，她开始负起责任。如果她没什么经验，也许会回想星巴克用来对待不满意顾客的缩略词——LATTE：

倾听（Listen），承认（Acknowledge），采取行动（Take action），感谢顾客（Thank the customer），解释可能导致问题的原因（Explain what might have caused the problem）。但她不需要缩略词：她经验丰富，了解该如何对顾客的问题做出反应，而且实施得很顺利。

咖啡调配师的工作完全关乎技能，不仅有操作设备的动作技能，而且还有吸引回头客的认知和交际技能。我们每个人都和咖啡调配师一样，拥有超越工作需要的广泛技能，这些技能的集合定义了我们是什么样的人。技能让我们得以高效且可预测地达成目标。我们准备饭菜、驾驶汽车、使用电脑和进行运动时都会用到技能。它们处于外科医生动手术、股票经纪人给出建议、政治家进行决策的核心位置。正如我们在第一章中看到的，技能依赖于一种特殊的记忆形式，不同于我们对于信息和个人经验的记忆。当你询问技能人才如何工作时就会发现迹象：他们通常想不出一个满意的解释——他们的技能无法用语言来表达。

如何获得技能

咖啡调配师通过观察培训师的技能演示学习调配拿铁，这种经验让她记住了如何调配。这也是多数技能的起始：获取基本知识，并将之保存为外显记忆。第一章里阐释的长期记忆系统，在很大程度上关乎技能的学习，如下图所示。咖啡调配师将培训师的演示保存为情景记忆。她还知道许多关于拿铁的信息——不同的种类、不同的规格、她的最爱——这些是她在从事咖啡调配工作前在各处学到的。她首先依赖的是这些外显知识。事实上，如果我们在她调配第一杯拿铁时观察她的话，也许会发现她的嘴唇微微在动，这是她在心里回想培训师的演示过程。缓慢、低效的调配要求她把认知资源集中到每一个步骤。

长期记忆

外显　　　　　　　　　　内隐

情景记忆　　语音记忆　　习惯和技能　　巴甫洛夫反射
（经验）　　（信息）

随着咖啡调配师调配出更多拿铁，我们会看到快速的进步。每成功调配一杯顾客要求的拿铁，作为技能记忆的行为模式就会得到强化。这是一个为了实现特定目标而采取有效动作的专门系统。和外显记忆不同，技能记忆是逐渐形成的，它随着每一次的成功而不断完善，如下图所示。我们会发现它是一系列小进步的集合，比如更灵巧地使用蒸汽喷嘴或更流畅地冲入浓缩咖啡。她还会以一种不太明显的方式进步，即学会关注那些重要的事情——在发奶泡时如何观察泡沫是否适量以及如何判断冲入的浓缩咖啡的品质。这些知觉技能与操作机器的运动技能同等重要。随着每一次的进步，技能在她的内隐记忆系统中越来越牢固，对外显知识的依赖也越来越小。她从"知道是什么"（外显知识）转变成"知道怎么做"（技能）。

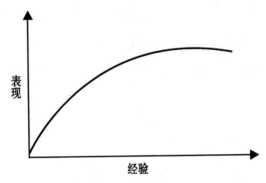

更多的实践会让操作越发轻松和流畅，直到它们牢固到她能一边工作一边和顾客愉快地交谈，甚至能在操作咖啡机的时候思绪飘向不知名的地方，尽管这些干扰以前会影响她调配咖啡。心理学家把这种行为称作自动行为，因为它不需要意识的主动控制。

事实上，自动技能在复杂程序中轻易就能带来巨大好处。钢琴家在演奏一首练得很熟的乐曲时，很大程度上手指在自动动作，这让他的认知资源能集中于作品的表现力，传递出欢乐、高兴或惊喜的感情。而一名不熟练的表演者就必须有意识地处理指法细节。资深外科医生的专业熟练程度能解放他们的高级心智能力，从而得以应对意料之外的情况并计划接下来的操作步骤。

有些技能与其说关乎身体运动，不如说关乎脑力活动——对待一名不满意的顾客、为电脑编写程序、进行空中交通管制，或是记住一副扑克牌的顺序。有意思的是，它们的发展却和身体技能很相似，比如弹钢琴或使用手术刀。首先，这些技能依赖于有意记住的外显知识，随后才是循序渐进地投入使用。国际象棋新手需要回想骑士、战车、国王和王后的走法，然后再考虑如何走好每一步棋。但随着训练，基本的走法变成自动行为，从而让棋手能够使用认知资源思考更多的策略以及棋局的复杂一面。

记忆技能的发展方式也是一样的。假设你想运用第七章里的"友好羊驼"策略来更好地记住名字——找出特征、听名字、重复说以及练习。起初，你要十分努力才能记住这4个步骤。这一阶段，你依靠外显记忆实施策略。但就像咖啡调配师一样，每一次成功都会强化你的技能记忆，例行程序也会变得更容易操作。随着对如何发现人们的特征、如何应对难记的名字、如何在心里练习新名字、如何在对话中使用名字的学习和实践，你会不断进步。你会越来越不依赖于外显记忆的指导，实施步骤时需要花费的注意力和脑力也会越来越少。最终，由于内隐记忆系统将主宰行动，你完全不需要再使用"友好羊驼"策略。现在，关键步骤的进行几乎毫不费力，助记法反而成了负担。

从"还不错"到"好"

多数技能会发展到你通过实践也无法再提高的地步。你会发现，无论多么频繁地练习打网球，你的网球技能仍停留在一个中间水平。即使每天晚上做饭，你的烹饪水平也不会飙升。事实是，练习只能维持现状——你的技能没有提高，也没有退步。

是什么阻碍你像别人一样进步呢？部分原因是动机。可能你满足于现状，对进一步提高没什么兴趣。很多技能都是这种情况。无论是玩垒球、维修房屋，还是管理投资，我们中的多数人满足于远远达不到专业程度的技能水平。

那么如果你愿意提高技能会怎样呢？动机本身并不足以带来这样的改变。你一直想成为更好的厨师，但事实并非如此。打网球也是一样。培养专业技能所需的远不止愿望。针对高成就者的研究表明，他们专注于磨炼自己的技能。这项研究的领导者、心理学家安德斯·埃里克森研究了各个领域的顶尖高手，如国际象棋、音乐、医药、桥牌、计算机编程、体育及记忆技能。下图显示了他们超越"还不错"水平的表现曲线。埃里克森及其同事发现了这些精英在练习上的共同点。对他们来说，练习是一件严肃的事。他们努力在每次练习中得到尽可能多的收获：思考成功的原因，找出更进一步的方法。埃里克森称之为"刻意训练"，它既适用于周日打高尔夫的玩家，也适用于有希望参加奥运会的选手。他发现，刻意训练的3个特征共同作用，从而促使技能向前发展，并走上"好"的轨道。

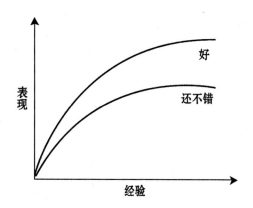

○　针对细节

改善技能的最佳方式是专注于细节。网球选手也许专门练习发球，厨师也许专门练习煎炒。掌握基础技术的咖啡调配师也许决定提高发奶泡技术，以便调制出奶泡最美的顶级拿铁。他只改进发奶泡技术，其他步骤在很大程度上仍旧是易于实施的自动技能。但对发奶泡过程的专注使其从自动技能转变成需要刻意控制的过程。现在，他可以用注意力、工作记忆和推理能力去改善它。这一阶段，他不能与顾客聊天，因为他需要集中认知资源找到更好的发奶泡的要点。因此，埃里克森及其同事"进步是一项高要求的脑力工作"的发现并不令人惊奇。解决问题是刻意训练的一个重要方面。咖啡调配师必须找到用蒸汽喷嘴喷出细小而不是很大的奶泡的方法，然后学会如何将它们搅拌成他想要的花纹。这需要经过反复尝试，但只要全神贯注就能掌握。随着更多的练习，新程序在很大程度上会变成自动技能。这时，他就能一边和顾客交谈一边调制出高品质的奶泡了。

○ 重视反馈

除非咖啡调配师能判断奶泡的质量，否则他无法进步——反馈对于刻意训练至关重要。就他而言，一名更富经验的同事可以作为教练来给出反馈，并提出练习的目标。事实上，这是技能发展的理想状态。正因为如此，精英们才会高价雇佣教练和训练员。如果咖啡调配师能找到这样的人，就能迅速提高自己的技能。

若是找教练不现实，你必须寻找其他方法解决反馈的问题。假设你是一名想要改善名字记忆的记忆术研究者。什么样的反馈最有用呢？你该如何获得反馈呢？仅仅知道你在一个场合下记住了多少名字不足以明确地帮助你提高技能。你最好过后找一个时间思考，确保自己仍旧能很好地想起"友好羊驼"策略的每一个步骤。你可以在记忆清晰时记录下自己的观察结果，然后为下一次练习制订目标。每一个技能各有各的挑战性。对于有兴趣继续进步的人来说，必须优先考虑找到一个获得反馈的实用方法。否则，练习只会加深错误且效率低下。

○ 大量练习

刻意训练还有一个必要元素，就是反复不断的练习。需要多少练习？这取决于技能的复杂性和练习者的意愿。在诸如音乐、象棋、外科手术及科学等竞争性领域，精英人士通常要努力10年才能成为业内专家。

这样的投入对于业余高尔夫球手、音乐家或记忆术研究者来说遥不可及。他们能够练习的次数不但要让步于其他生活利益，而且还会被寻找实践机会的逻辑所破坏。如何判断优先级、如何发现机会、如何进行自律等问题将决定他们最终是"还不错"，还是"好"。

心理演练

不是所有的练习都必须涉及外部世界的活动，它也可以在心里进行。顶尖运动员练习竞赛项目时同样会在心里演练。一位成功的奥运会跳板跳水选手如此谈论他的准备工作：

我总是在脑海里跳水。每天晚上睡觉前我都会这样做。跳上10次。我首先向前跳水，这是我在奥运会上必须做的第一个动作，我像在真实世界里一样一丝不苟。我看见自己穿着同样的泳衣站在跳板上。所有事都一模一样……如果动作错了，我会返回再重新开始。想象所有的跳水动作需要1个小时，但这总比实际练习的时间要少。

心理想象已经成了奥运训练界的一项重要活动。在2014年索契冬奥会上，美国队带了9名心理学家协助运动员准备他们的比赛，重点就是使用想象来提高技能。关于奥运选手的早期研究显示，成功的选手比不太成功的选手进行了更多的想象。

你可以通过心理演练提高技能，这是经过充分研究的一个心理学原理。它不仅在体育运动中，而且在手术、演奏音乐、跳舞、降落飞机、执行实验任务和中风康复中得到了证实。

如果你决心试一试心理演练，最好等你掌握了基本技能和实际操作，并熟悉技能使用环境后再进行。这一点很重要，因为当你的想象与现实中使用技能的身体感觉特别相近时，心理演练最能发挥作用——而且你需要实际经验才能创建想象。你应该尽可能保持想象与现实的一致性，首先要注意你使用技能的环境，甚至是你的衣着。身体运动的感觉是心理演练的一个重要组成部分。钢琴家需要体会手指在琴键上跳跃的感觉；垒球投手在心理演练前需要感觉挥臂准备投球的动作；记忆术研究者在运用想象时需要体验握手的触感。甚至是伴随技能而来的情感——紧张或兴奋——都会让想象更加逼真，更加有效。

假设在聚会或商务会议上认识了很多人，你想提高对名字的记忆效果。你可以想象自己成功运用了"友好羊驼"策略，并记住了即将见到的人的名字。理想地说，你需要到过现场才能在心里想象，否则你就需要想象一个相似的环境。你会看见在那里的自己穿着想穿的衣服，你会想象在那里的自己像现实中希望的那样举止端庄。我建议你准备一个书面脚本来指导想象，特别是在刚开始的时候。举例如下：

我去会议室开会……我穿着蓝色运动外套和灰色裤子……今天没有打领带……我拿着平板电脑……我看见电脑设备、椅子、桌子、屏幕、咖啡壶……我回想今天的记忆意向……我真的很想尽可能多地记住新名字……我对此充满期待，感觉很兴奋……我开始注意不认识的人……我打量他们……我想知道他们是谁，他们长什么样……我寻找他们各自的特征……我向一名认识的女性点头致意……她和一名我想认识的男性站在一起……我已经找到了用来记住这个人的特征——他的头发非常浓密——我经过他的时候注意到了这一点……我感觉我移动着双腿走向她……我们打招呼……当她向我介绍陌生人时，我跟他进行了眼神交流……我对他全神贯注……我感觉我伸出手臂……我们握手……他说名字的时候我集中注意力……我听见他说"杰伊"……我重复了一遍……"杰伊，很高兴见到你"……我再次注意他的特征……我们谈天说地……我在心里重复他的名字……我向其他人打招呼……我离开时又说"杰伊，很高兴认识你"……

脚本不止关乎技能。它们还能创造动机，正如上述脚本一样。它们也能让你对可能遇到的困难做好应对准备。比如，把很多人一个接一个介绍给你时，你可能会不堪重负。你也许体验过那种下沉的感觉，因此倾向于放弃记名字的尝试。与其这样，不如在脚本里增加类似的场景，并且做好应对的准备。也许你会发现自己手足无措，于是在认清当前的形势下，转而专注于内心，深吸一口气重新集中注意力，然后再次运用"友好羊驼"策略。通过提前演练应对反应，你能提高在真实场景中成功实施的机会。

你可以采用书面脚本，也可以把它变成可以听的录音。无论何种方式，目的都是创建其描述的想象。在尝试心理演练时，请记住，它本身就是一种技能，需要练习才能掌握。其关键：一是尽可能地想象得生动一些；二是控制想象以便能准确地描述正在练习的技能。

这种演练技巧既可以用来培养技能，也可以用来为特定场合做准备。前者结合实际练习最有效；后者演练的时间越靠近该场合越有效果。

漏桶问题

掌握了一种技能并不意味着你会一直运用得好。假设你顺利完成了一项心肺复苏（CPR）的培训。如果在6个月内遇到紧急情况时你能成功运用它吗？1年后呢？你的表现肯定会退步，但退步到什么程度呢？这正是英国研究人员伊恩·格兰登及其同事在一项研究中向接受过CPR专业训练课程的工人和职员提出的问题。表现良好的人在不同时间段过后被召集回来重新测试。他们被带到一个房间，里面有一名"伤者"，即一个记录CPR实施细节的人体模型。这可以让专家判断参与者是否具备足以让真人存活的重要能力。下面的图表显示了技能水平在一年内衰退的情况。12月后，只有14%的CPR操作能够拯救伤者的生命。

培训后几个月内的CPR能力

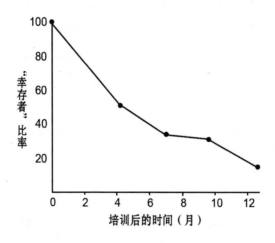

这就是漏桶问题——当你不去使用技能时，它就会随着时间的推移而受损。而受损的程度取决于技能本身。你不太可能会忘记如何游泳或骑车，即使你长时间不使用这一技能。由环境因素引导的简单重复动作结构让这些技能很难受损。但当一种技能步骤多、时间紧时，就会迅速退步。CPR的操作就是如此，它需要以特定速度精确执行一系列动作，而且几乎没有可用的迹象用以判断操作是否准确。随着时间的推移，操作标准会下滑——步骤减少、挤压变浅、节奏过快。唯一的补救方法只能是加强练习。红十字会建议，每3个月复习一次CPR，但上图表明这样的频率并不够。

更复杂的技能，必须更频繁地练习，否则你的表现会大打折扣。伟大的钢琴家伊格纳西·帕德雷夫斯基说过一段著名的话："我少练习一天，我自己就会发现；我少练习两天，评论家就会发现；我少练习三天，普通大众就会发现。"其他高级技能同样需要练习。一名F-15飞行员必须每月进行13次飞行练习才能保持足够的熟练程度去执行真正的任务。奥运会选手的生活中充满练习，无论是在现实中还是在想象中。

最后的结论

很多选修我的记忆课程的学生都希望学会一种立刻就能提高记忆力的技巧。当然，这是行不通的，学会如何调制拿铁并不能让你立刻就变成合格的咖啡调配师。任何一种复杂的技能，其专业性均来自外显及内隐两个记忆系统的相互作用，这种相互作用需要练习。这一观点对渴望践行记忆技巧的人来说尤其重要。因为这种技能的基础是很容易描述的技巧，这会诱导你相信自己只需要技巧知识就够了。但外显知识只是一个起点。你必须要进行适量的刻意训练，因为除非技巧在内隐记忆系统中建立起流畅的执行程序，否则它并没有实用价值。

记忆实验室：链接法

本章记忆实验室将介绍一种按特定顺序记住一系列内容的实用方法。我们先在这里举例说明，随后会在第十三章深入研究。

链接法特别适用于你想按顺序记忆系列内容的情况。比如，假设你正在按照记忆里的清单进行采购。你刚刚拿了黄油，现在需要去找清单上的下一个物品。链接法会帮你记起来。

在这里，我们创建了一个助记法来帮助有序回想刻意训练的3个要素。为了增添一个实际的背景环境，假设我正在准备就这一内容发表演讲，但不想依赖笔记。链接法可以让我在没有外在帮助的情况下按顺序阐述话题。虽然这里只涉及3个话题，但该过程可以被延长，想链接多少就链接多少。

刻意训练的3个要素是：1、针对细节；2、重视反馈；3、大量练习。为了应用链接法，我以想要记住的顺序在成对元素之间创建联系。

提升技能→

　　针对细节→

　　　　重视反馈→

　　　　　　练习

　　每一个箭头都会成为链接下一个要素的视觉图像。上图表明，创建3个链接需要3幅视觉图像。

○　第一个链接：提升技能→针对细节

　　我用一名杂耍演员暗示技能，用靶子代表针对细节，如右图所示。杂耍演员抛靶子的图像正是我所寻求的关联。演讲时，当说到提升技能时，我在脑海里搜索与该话题的关联，想起了这幅杂耍演员的图像。靶子会帮助我记起刻意训练的第一个要素：提升技能的针对细节。

链接刻意训练步骤的3幅图像中的第一幅。图中，技能学习（杂耍演员）与针对细节（靶子）这一要素相关联。

○　第二个链接：针对细节→重视反馈

　　链接法的一个有趣的特征是，每一个关联之间是相互独立的。所以，为了创建第二个链接，我得把杂耍演员放到一边，重新寻找"针对细节"和"重视反馈"之间的关联。由于"反馈"一词是抽象的，不太容易用视觉图像来表达，因此我要寻找一个能提示"反馈"的替代词。我选择了"食物"，然后想象一个中间放着"食物"的靶子，如下图所示。这足够让我想起"反馈"。演讲中，讲完针对细节的话题，我在脑海里寻找与"针对"的关联，想起这幅图像就能知道下一个话题是"反馈"。

链接法的第二幅视觉图像。
刻意训练的第二步，重视反馈与之前的针对细节相关联。

○ 第三个链接：重视反馈→大量练习

在准备好讲第三个话题时，我会寻找与"反馈"的关联，然后回想右侧显示的第三个链接。它展现了一种敌对的反馈，失望的听众朝倒霉的音乐家扔番茄。他显然需要更多的练习，这将暗示最后一个话题。你在看这些图像时，记住记忆提示的有效性是因人而异的。这些图像对我有用，但如果你要发表演讲并使用链接法，图像可能会截然不同。

记忆刻意训练3个步骤的最后一个链接。
它将重视反馈与大量练习关联到一起。

链接创建完毕，讲座开始前我会在脑海中复习几遍，确保我从一个话题转向下一个话题时能轻松地想起它们。如果选对了链接图像，我不需要看笔记就能顺利地演讲，而讲座也会按照我设计好的路径进行。

第十二章　记日常

詹姆斯·麦高夫是记忆研究方面的权威。作为一名顶尖的研究人员，他发表了很多科研论文，并因对记忆系统的重要见解而广受好评。正是因为他杰出的声望，吉尔·普莱斯在2000年6月8日给他发电子邮件说：

> 我今年34岁。从11岁起，我就拥有了这种不可思议的记忆过去的能力，而且不只是回忆。我最早的记忆停留在蹒跚学步时（大约1967年），但自1974年至今，我能任选一天告诉你是什么日子、我做了什么，如果当天发生了什么特别重要的事情……我也能描述给你听。我不用事先看日历，我也不用看24年里的日记。每当看见电视上（或其他地方）出现的一个日期，我就会不由自主地想起那一天，想起我在哪儿、我在干什么、那是哪一天，等等。我根本停不下来也控制不住，感觉精疲力竭。

普莱斯女士希望，詹姆斯·麦高夫、拉里·卡希尔以及他们在加州大学尔湾分校的同事能够帮助她控制记忆以免它们太过消耗她的精力。麦高夫同意和她见一面，但他非常怀疑她的记忆力是否真的如此不可思议。研究人员把这种形式的记忆称为"自传式记忆"，而当时与其相关的所有研究成果都表明，她声称的内容是不可能的。

麦高夫的团队让普莱斯进行了一系列广泛的记忆测试。很明显，她确实拥有这种非凡的自传式记忆。她的日记让研究人员能够比对她的回忆和她多年前写下的东西的异同。令人惊讶的是，她的记忆从不出错。在一项令人惊讶的测试里，他们要求她写下1980年至2003年之间每年复活节的日期。她不但写出了日期，还主动写下了她在这些日子里做了什么事。比如，她报告称1986年的复活节是3月30日，当天她的父母在棕榈泉，而她和三个朋友待在家里；1989年的复活节是3月26日，她记得她是和一个朋友过的节。她的记忆和日记内容相符。

有意思的是，测试表明普莱斯对其他类型信息的记忆——数字、单词、图片以及图表——非常普通。她说她上学时记不住学习内容。但对感兴趣或涉及个人的生活事件，她的记忆惊人的深刻而且准确。

麦高夫和卡希尔对普莱斯的记忆进行了数年的研究，并且验证了研究人员先前从未怀疑过的种种能力。普莱斯耐心地配合他们工作，随着时间的推移开始和她的非凡记忆力和解，最后她还写了一本书描述其在生活中扮演的角色，书名叫《无法忘记的女人》。

麦高夫的工作传播出去后，研究人员发现了其他拥有类似能力的人。和普莱斯不同，他们非常珍视自己的罕见能力。他们像普莱斯一样能想起随机挑选的任意一个日期里的日常生活，并且他们的记忆像她一样经过了验证。麦高夫及其团队通过访谈、记忆测试甚至脑部扫描对他们中的许多人进行了研究。他们将这种罕见的能力命名为"高级自传式记忆（HSAM）"。接下来，我会介绍他们的研究及发现，但首先要弄清我们其余人是如何想起过去的。两者截然不同，这会让我们深刻领会这些人的特殊之处，然后从他们身上学习能更好记忆日常生活的经验。

○ 记住什么

我们没有吉尔·普莱斯的能力，因此会忘记生活中发生过的多数事情。虽然我们的确每天都会生成新的记忆——早餐时的谈话、停车位的搜寻、和同事的会面、熟食店里的午饭。当具备可用的记忆提示时，这些事件通常可被记住数天、数周甚至更长——假如下个月再去熟食店，也许你还能记起你和朋友在这里交谈的细节。尽管如此，这些信息大都注定是要被忘记的，但并非全部。我们究竟会保留哪些记忆呢？

两名英国研究人员吉莉安·科恩和桃乐茜·福克纳试图找出答

案。她们询问了154名年龄在20至87岁之间的研究对象，挖掘他们最生动的记忆，并对每个记忆进行简要描述。下面的条形图显示了位列前9位的记忆主题。它们占了记忆总量的80%还多。是什么致使这些事件被记住而其他众多事件被忘记呢？科恩和福克纳认为被记住的事件要么对个人很重要，要么不同寻常，要么情感意义重大，或是在某种程度上结合了这些特性。

人们记些什么？

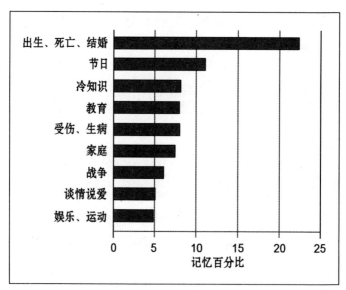

新事件的记忆优势特别值得注意。上述研究里，73%的记忆与非常规的情况有关——初恋、出国旅行、生病。这一事实表明我们能轻松记住奇怪、少见、不同寻常和出乎意料的事件。韦尔斯利学院的戴维·费力莫及其同事的一项研究深入阐明了这种独特经验的可记忆性。他们追踪从学校毕业22年的学生，询问他们记得大学一年级的哪些事。如下面的曲线图所示，记忆多数集中在一个月份——他们刚入学的9月。这段时间，伴随着认识室友、与指导教授交流、熟悉校园以及上课，他们经历了一个又一个新鲜有趣的体验。这些初体验留下了长久的印象。相反，后来的经验永远是"老一套"，其独特性不足以被牢记。

毕业22年后对大学一年级的记忆

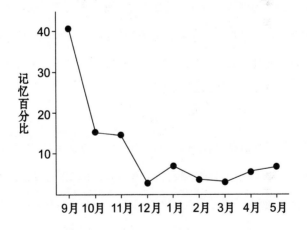

情感是另一个强力记忆增强器。这在韦尔斯利的研究中十分明显，绝大多数的记忆都与情感有关。你会发现自己的长期记忆也是一样。如果你回想大学或高中的经历，并注意最先想起的回忆，它们肯定具备一个令人难忘的情感元素——第一场高中舞会、在摄影俱乐部取得的成就，还有足球队里的友谊。

　　情感与记忆有一种特别的关系，情感能强化创建时的记忆。伴随着情感产生的神经化学物质会影响形成记忆的脑区，结果就是生动而长久的记住了事件。"闪光灯记忆"就是一个著名的例子，细节丰富的情感体验能让人终身不忘。下面是一位老人对1940年4月9日丹麦被入侵的回忆，当时他13岁。

　　我被一阵轰隆隆的声音吵醒了，我从没听过这样的声音。打开阁楼上的天窗向南望去，附近的树林飞过一群灰色的大飞机，一次3架地从树梢上掠过。你可以看见驾驶舱里的飞行员和飞机侧面黑白相间的波浪状金属板。我跑下楼找家人——母亲和祖母。我母亲非常气愤。广播里说，德军占领了丹麦。

　　这段记忆有很多内涵。事件不仅重要和不同寻常，而且唤起了强烈的情感。事实上，很可能是情感因素使它如此清晰和详细，这是闪光灯记忆的典型特征。丹麦心理学家多塞·特森和多塞·汤姆森用各种方法检验了生活在入侵时期的丹麦老人回想起的闪光灯记忆的准确性。尽管时隔60多年，大多数回忆仍通过了验证。

　　2001年9月11日，纽约世贸中心遭到袭击。这是近来发生的让很多人形成闪光灯记忆的重大事件。如果你那时足够大，可能会清晰地记得当时听到的情况。想起来了吗？你记得你在哪儿以及在干什么吗？你是怎样听说袭击的？然后你是如何做的？如果能回答这些问题，你就拥有闪光灯记忆。对于这件事情，不仅当时的美国人记得很清楚，就连英国、比利时、意大利、罗马尼亚、日本和其他国家的人也记得很清楚。这是一个全球性的闪光灯事件。

在中世纪，情感被刻意用于制造闪光灯记忆，目的是创建有效的助记方法。以下是历史学家莫里斯·毕晓普对当时的描述：

> 由于缺乏书面记录，确定和决断证人记忆的方法是中世纪审判的又一奇怪之处。为了唤起记忆，充当证人的男孩被严肃地铐住或鞭打，直到老去。库伦记载，"罗杰·德·蒙哥马利把他的儿子贝莱姆的罗伯特扔进水里，他穿着一件皮衣……在证词和记忆中，修道院院长及其僧侣的地产界线延长到了那里。"

通过结合情感体验和关键事实，中世纪法官确保了修道院院长地产界线的位置以及年轻罗伯特长时间内作为闪光灯记忆体的安全。同样的，那些充当婚姻证人的男孩有时会遵从互相殴打的仪式，以保证他们记住双方的结合。在没有保存正式记录的情况下，这是一项庄重的职责。

情感记忆通常相对较为准确，但并非总是如此。事实上，它们有时会包含生动而惊人的错误。以9·11事件的闪光灯记忆为例。袭击数天后，赫特福德大学的莉亚·克法维拉叙夫利和她的同事请求一大群人描述了他们听说到的事情。两年后，他们联系了同一群人，请他们再次进行回忆。10%的参与者出现了严重的记忆失真。比如，袭击一天后，一名女性回忆她在去操场接孙女的时候听到了袭击。两年后，她回忆她从一家干洗店的店员那里听说了这件事。她的这两段记忆都非常生动。这样的事例表明，情感记忆存在风险。因为它们看起来很真实，我们不加鉴别地就接受了。但大量研究表明它们常常含有错误。作为学生，我们要记住生动的记忆并非一定准确。任何记忆，即使是闪光灯记忆，也可能出错。

记忆上涨

假设写下你能记住的前50个生活记忆。你会发现其中有很多是上一年的记忆，不过暂时把这些放在一边，只看那些更久以前的记忆。它们来自你生命中的哪一阶段？如果你年龄超过50岁，你会发现绝大多数是你在15岁至30岁之间的记忆。一项针对70岁老人的研究结果表明了这种"上涨"，如下图所示。研究人员给出了诸如猫、花、票等一系列提示词，并要求他们回想与每个词相关的记忆。当科学家标记出这些事件发生的时代时，他们发现了"上涨"。事实证明，这是一个相当惊人的发现。它不但证实了自发记忆和由提示词触发的记忆，而且证实了由气味或人生历程触发的记忆。

**年龄超过50岁的人在回忆日常生活时
在15岁至30岁之间发生了自传式记忆上涨**

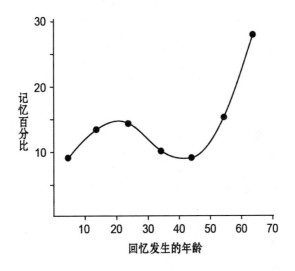

"上涨"的成因复杂。记忆测试中得分最高、反应时间最快的年龄与认知系统高效运行的年龄不谋而合。这也是社会化的关键时期。在这些年里，我们度过了青春期并获得了成人的身份。上学、工作、结婚和养儿育女组成了我们人生故事的主要篇章。这些经验往往具备形成牢固记忆的一切特征——对个人很重要、新奇，充满情感。这确实是生命中的一段特殊时期，"上涨"就是它的体现。

○ 早期记忆如何？

正如"上涨"反映了我们的最佳记忆时期，在它之前的时期则代表最差的记忆。成年人在被问及早期记忆时，几乎都想不起来3岁之前的经历。弗洛伊德把这种遗忘称作"童年期遗忘"。这并不是说3岁以前的孩子不记事，而是说他们的记忆并不持久。到了6岁，孩子们的早年记忆已经基本消失。脑部发育是原因之一。幼儿的关键记忆构造不够成熟，不足以让他们长时间记住生活经历。社会化因素也在起作用。儿童必须学会如何把记忆中的点点滴滴组合成连贯的故事。与父母和其他成人的交流会逐渐教会他们这一技能。随着对现有记忆的表达越来越好，儿童记忆新信息的能力也在提高。到了八九岁时，先天和后天的因素会让他们的记忆系统像成人一样形成牢固的新记忆。

人生历程

进入青春期，记忆发育迎来又一个里程碑，开始编织人生历程。这是一个青少年羞于面对的时期：建立性别认同、处理棘手的同伴关系、接受分类教育，适应家庭动态改变。这些挑战激起了他们对自身的兴趣，这表现在许多青少年爱写日记的癖好上——我教过的大学生中大约三分之一的人说他们当时是这么做的。他们规划的人生历程将在其一生中持续进化，这时记忆会联合起来捕捉人生经验的不同方面。高中的一份校外工作留下的不只是一个个孤立的记忆。相反，关于当时的这项活动，记忆会塑造一个包含人物、事件、情感和责任的故事。对相关的人来说，它们全都具有特殊意义。研究人员把这样的记忆集合称为人生历程的一个"重要时期"。人生中其他方面的记忆会形成其他重要时期——宿舍生活、认真恋爱、父母病倒。每一个"重要时期"都会把相关事件的记忆集合成一个能够表达背景和意义的叙事结构。随着时间的流逝，人生历程会被扩充、更新、编辑、修订和重新解释。它作为我们对过去的个人观点，决定了我们如何看待现在和将来。

由于人生历程让自传式记忆变得系统化，因此也能在回忆时发挥作用。杰出的研究员马丁·康威建立了一个学说，即这样的记忆按层级组织构成，它包括3个级别。最高级的记忆集合根据形成"重要时期"的特殊主题按时间排序，比如"住校那些年"。中间一级由"重要时期"里能产生一组记忆的情境组成。比如"我大学一年级时的室友杰瑞德"把一般情况与宿舍记忆等同起来。康威层级说的最低一级是类似"那时杰瑞德搞坏了我的电脑"这样的具体事件的记忆。

为了说明系统如何起作用，假设我妻子问我是否记得多年前我们住在加利福尼亚时她种植的小菜园。我如何在成千上万的经验中定位这一记忆呢？她给我的提示，即"加利福尼亚的小菜园"也许足以让我立即回想起来，但因为这是很久之前的事，直接回忆可能会失败。如果是这样，我也许仍旧能从下图的人生历程中想到它。首先，我回忆那些年在加利福尼亚的生活，我人生历程中的一个重要时期，回想我们当时居住的公寓。这个环境与很多记忆有关，其中就有菜园。我在这里发现菜园记忆的提示——想起我们多么喜欢那些刚摘下来的番茄的味道。人生历程及其层级结构提供了个人记忆的另一种回想方法。相比引领我们直接回忆的提示，它速度较慢、效率较低，但在提示不足时能够救场。

瞄准一个具体记忆

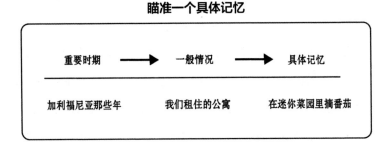

重要时期	一般情况	具体记忆
加利福尼亚那些年	我们租住的公寓	在迷你菜园里摘番茄

高级自传式记忆（HSAM）

那些像吉尔·普莱斯一样拥有惊人的自传式记忆的人怎么样呢？他们是怎么做到的？我们能够从他们身上学到一些帮助记忆日常生活的经验吗？

尽管存在许多问题，但关于HSAM人群的发现仍非常具有启发性。目前已出现4篇科研文章和两本HSAM人写的书。除吉尔·普莱斯外，玛丽卢·亨纳写了一本名为《记忆大改造》的自助读物。亨纳是一名成功的女演员，也是健康和饮食方面自助读物的作者。她的新书描写了她的HSAM，并向读者推荐了提高记忆过去的能力的方法。我稍后会介绍她的建议。关于HSAM的一个重要发现是对日历的沉迷。HSAM人群通常能说出十一二岁之后的每一天是周几，并且记忆十分具体。他们知道闰年是哪一年，知道日历页面相同的月份和年份。他们的记忆与具体日期紧密相连，这让他们能够轻松、系统地组织和回想记忆。随着一次一次练习，记忆变得更强。

吉尔·普莱斯回忆，1980年12月19日是圣诞假期前最后一个上学日，1981年12月19日，她和迪恩、哈利在比弗利山庄购物。她能一直回想起迄今的每一个12月19日。令人吃惊的是，她关于这些日期的记忆太普通了。这些都不是重要或值得注意的事件，也没有融入强烈的情感。它们只是我们很容易忘掉的日常生活。通过将事件和日期关联，她创建了回忆的具体提示，并且经常这样做。比如，她每天早晨吹干头发时，脑海里就会闪现前几年的相同月份、相同日期，想起她做了哪些事。玛丽卢·亨纳和HSAM人群报告了类似的经验。

强迫性倾向是HSAM人群的一个共性——虽然没达到心理失调的程度，但肯定比一般人严重。这一点也许并不令人惊讶。他们小心收集和整理衣服、唱片、马克杯、帽子、毛绒玩具和电视指南。麦高夫团队认为，秩序的需求及强迫性倾向可能和HSAM有关。因此，他们对日历的沉迷可以解释为组织记忆的一种方式，同时刺激他们对过去的岁月进行习惯性记忆练习。

这些超凡人群还有一个共同特点：他们珍惜自己的特殊能力。没有一个研究对象，即使是吉尔·普莱斯，愿意在可能的情况下放弃他们的特殊记忆力，一位名叫露易丝·欧文的女性这样说："我认为它让我的生活变得更加丰富有趣……我知道我会记住今天发生的一切。我能做些什么让今天变得特别吗？我能做些什么让今天与众不同吗？"

加强自传式记忆

我们能从HSAM人群那里学到些什么来改善自传式记忆吗？事实上，我们都能采用一些他们的做法：他们非常珍视过去的记忆，他们享受回忆的过程，他们会定期练习记忆。虽然日历式的记忆力遥不可及，但我们中的大多数都能提高回忆的能力，我们可以选择在回忆过去时获得更多的乐趣。

当然，并非每个人都需要提高。有些人经常回忆过去的事情并且乐在其中。自传式回想是其人生的一部分。但还有一些人不那么喜欢思考，没有实际原因的话不会特意访问自传式记忆。在这两个极端之间存在着各种人群。一般来说，女性比男性更容易形成自传式记忆。她们对过往经历的回忆通常更加生动、更加具体，其中蕴含的思想和情感也更加突出。

以下的建议是针对那些不具备自传式思考能力但想要加强它的人群。毕竟，生活的记忆可以说是我们最重要的财富，它是自我意识的基础和人生经验的宝库。如果它没有得到应得的关注，似乎值得你试一试。

提醒：并非所有自传式记忆都是健康的。当人们一味纠缠于过去的伤害或失去的机会，总是追忆过去而逃避现实，或沉迷于怀念去世的人，他们很容易患上抑郁症。建设性回忆有两种，一是回顾人生和走过人生的路径，二是欣赏自己以及之所以成为自己的历程。你可以回忆人生中起到转折作用的经历，通过回忆发现它们对你的意义，正如这名学生汇报的一样：

大学二年级时我选修了英语文学课。我喜欢课程教材，享受写作的乐趣，而且感觉良好，直到……我写了一篇解读诗歌的文章。我觉得我对诗歌的特殊意义有深刻的见解。但文章被返回时，老师说我根本不理解诗歌，她希望我不要选择英语专业。她说这些的时候，我记住了她那皱成一团的脸和小而紧闭的嘴。我绝不想变得和她一样。所以我从英语专业转到了社会学专业。

回忆也可以充当学习工具，因为它能让你看到过去是如何处理情况的。以篮球巨星迈克尔·乔丹大学二年级时未能加入校篮球队的回忆为例：

没能加入篮球队很尴尬。名单贴在那儿很长一段时间，可上面没有我的名字。我记得我非常愤怒，因为比不上我的家伙进去了……每次我训练到累得想停下时，我就会闭上眼睛看到更衣室里贴着的没有我名字的名单，这通常能让我继续训练下去。

很多记忆没有这么强的影响力。它们只是积极、消极和中立体验的混合。对多数人来说，绝大多数自传式记忆是积极的——研究发现，积极记忆与消极记忆的比率超过2：1。也许正因如此，建设性回忆才能提升幸福感和积极感。事实上，在心理治疗师的指导下，建设性回忆是一种公认的抑郁症治疗方法。在这一背景下，我们再来看提高自传式记忆的建议。

○ 获取深刻的记忆

第一步是努力获取深刻的自传式记忆。不久前，我在西雅图和妹妹、妹夫、她的两个女儿以及其中一个女儿的丈夫一起吃晚餐。这对我们来说很难得。我想牢牢记住这个场景，所以运用了玛丽卢·亨纳推荐的三步法：期待—参与—回忆。这是她从她父亲那里学会的，他也非常珍视记忆。他教她用三步法记忆诸如圣诞聚会、海滩派对和生日宴会等全家的节庆场合。亨纳对这些事情的记忆非常温馨。直到今天，她仍遵循着父亲的方法。

就我而言，期待这个步骤就是正面展望未来，并制订记忆未来事件的计划。这赋予我一种使命感，也增加了我的乐趣。下一个步骤是参与，它发生于晚餐期间，我有意识地充分去体验发生的事，以此形成深刻的记忆。随着夜晚的过去，我发现自己记住了某些特别值得记忆的时刻。几天后，我回到安克雷奇找了一个安静的地方回忆过去重温事件。这就是最后一步，此时我对整件事的记忆会很深刻。

○　回忆什么

你会发现，花一点时间确认回忆哪些有意思的人生历程很有帮助。这些经历可能帮助塑造了你的性格和价值观，丰富了你的生活，教会了你重要的生活经验，或者就是值得重温而已。以下是挖掘它们的3个建议：

人生历程中的重要时期

假如你把人生分成几个最重要的部分，它们会是什么？这些就是我提到过的重要时期。你可以随意划分重要时期，但对我来说，重要时期的记忆具备一个共同主题：它们贯穿一个较长的时间段，比如数周、数月或数年，而且具有一个明确的时间顺序。玛丽卢·亨纳建议通过想象撰写一本自传或拍一部自传纪录片来确定人生中的重要时期。情况如何呢？下图显示了根据她的建议和其他资料划分的可能的重要时期。在一项针对中年人的研究中，尽管情况因人而异，但他们在人生历程中找到的重要时期平均为11个。亨纳建议8到15个重要时期为宜。

可能的人生重要时期		
你生活的地方	工作	孩子
高中	大学	孙子/孙女
兄弟 / 姐妹	童年	婚姻
父母	爱好	离婚

找到其他的人生主题

一些有意义的记忆并非按顺序排列，但仍旧拥有一个共同主题。比如，如果我回忆徒步旅行，除了徒步以外它们之间并没有特殊关联，所以它们不会整齐地排列成一个重要时期。尽管如此，重温它们却很容易，一旦我想起一次旅行，另一次旅行也就触手可及。艺术家回想他创作的作品，木工回想他制造的家具，篮球迷回想最喜欢的比赛，都是如此。下面的表格显示了与记忆相关的类似主题。通过识别这些领域，你将创造愉悦回忆。

```
┌─────────────────────────────────────────────────┐
│                  其他记忆主题                      │
│                                                   │
│   人生转折点          友谊              宠物        │
│   人生教训          户外冒险            爱情        │
│   假期             家庭活动            导师        │
│   体育运动          心灵体验            美食        │
│   工作项目          收藏              汽车        │
└─────────────────────────────────────────────────┘
```

个人纪念品

回忆需要提示，而纪念品特别有效——度假照片、高中年鉴、朋友制作的咖啡杯——这些都是强大的提醒。收集和整理这些个人纪念品的传统方式是剪贴簿。人们保留它们的理由各种各样——记录事件、编织过去、创造讨喜的陈列——但剪贴簿上每一项仔细粘贴的物品都是对一件有意义的事情的记忆提示，这让剪贴簿像相册一样对自传式记忆起到了辅助作用。你在挑选一件纪念品时，就把它看成了值得记忆的东西。当你把它贴在剪贴簿上时，相关回忆随之而来，这会让记忆更加牢固。

其他纪念品也会提供有力的记忆提示。酒吧里听音乐的快乐时光、为感恩节大餐准备的食物、玫瑰的芳香都能唤起被遗忘的记忆。研究发现，珠宝、毛绒玩具、信和日记是对女性很有帮助的记忆提

示。体育用品、汽车和曾经获得的奖杯对男性来说更有效。纪念品在
HSAM 人群的生活中也扮演着重要角色——他们是过去点滴生活的狂
热收集者和整理者。

○ 回忆的行为

假设你要探索一个回忆。怎样才能想起最丰富的体验呢？比如，
假设我想回忆我和妻子的旧金山之旅。记忆专家多米尼克·奥布莱恩
建议先从一个具体的细节开始，然后再逐步扩展。我记起的第一个细
节是酒店的前台。由此开始，其他细节开始慢慢浮现——亲切的女登
记员、古董电梯、四柱大床。随后是更多的记忆——陡峭的人行道、
友好的人、水滨的气息。一个记忆提示下一个记忆，我重新创造了当
时的经历。

你在回忆时想象的方式会影响它们的生动性——最有效的方法是
从"内在"角度去回忆过往的经历。换句话说，我是通过自己的眼睛
来记住缆车之行而不是根据相机所记录的场景来想象缆车之行的。玛
丽卢·亨纳说她一直是这样记忆的，但我们中的大多数人却做不到。
相反，我们的记忆是内在视角和外在视角的混合体。一名21岁大学
生的回忆中可以同时见到这两种视角：

我发现自己在大学聚会上跳舞。我记得我穿的衣服和腿移动的方式。突然，我正在从"身体内部"向外看。一个不太熟的伙计经过时说："你今天看起来不错。"

她先从外在视角开始，随着记忆的展开转向内在视角。如果坚持这一视角，她会发现相比外在视角，她记住的情感更强烈、细节更丰富。

对于最近的记忆，你会发现采用内在视角比较容易和自然。而相对薄弱和粗略的旧记忆只能通过外在视角回想，因为它们已经衰退至不再具备内在视觉所需的丰富感觉的程度。强迫这样的记忆进入内在视角毫无裨益。但当你既能从内在视角也能从外在视角回忆时，内在视角的体验会更加丰富。

记住，回想具体记忆时不必总用同一种方式——新视角有时能让旧记忆焕然一新。亨纳确认了4种经验再创造的方法。水平法：按线性结构回想记忆——我们到达旧金山机场，坐上出租车，入住酒店，等等。她用DVD视频类比这种回忆，你在经历事件时一个场景会提示下一个场景。垂直法：该方法聚焦于经验的一个部分——我们吃晚餐的码头、观景台、餐桌、服务员、点的菜以及当时的感觉。伞形法：首先回忆旧金山，然后用它作为提示随意回想，比如在大西洋城海滨的时光。最后一种方法利用的是自发回忆，比如随机的景象或声音会让我想起部分旧金山之旅。通常，我们很少注意这样的无意识记忆，但当情况允许时，我们可以选择有意识地存储它们，任它们发展，从而想起过去的经历。

你在努力改善回忆时，会发现第五章里的3种策略十分有用。"猎枪"策略使用自由联想寻找激发记忆的提示。"回到现场"策略带你回到记忆发生的现场，并在脑海中重现以找到记忆提示。"等等再试"策略让你在记忆实践之间有休息的时间。当你运用这些技巧找到正确提示时，会发现回忆既令人惊喜又大有裨益。但不要过度用力去回想遗忘很长时间的记忆。如果勉为其难，你会"想起"从未发生过的错误记忆，即由于过度努力而无心虚构的记忆。所以，试一试这些技巧，可如果不起作用的话，转向其他更容易回想的记忆。它们更可能是对过去的有效反映。

记忆实验室：养成回忆的习惯

如果想用更多时间反思人生，你可以向HSAM人群学习，养成回忆的习惯。玛丽卢·亨纳一语道破真谛："我知道我拥有如此强的记忆力的部分原因是我一直在本能地在回忆过去。"在本章的记忆实验室里，我们将研究养成自传式回忆的机制。这让我有机会讨论习惯及其产物，它们对记忆技巧践行者来说是有用的知识。

习惯是一种特殊的记忆，类似于上一章中的技能，但具有自身的特性。阅读是一种技能，在吃早餐时阅读报纸则是一种习惯。它们都是由重复构成的行为序列，但技能复杂、灵活，直接导向一个具体目标，比如理解印刷文字。习惯更简单、更具体，灵活性不够。事实上，如果在餐厅吃早餐，我不会觉得非常需要读报纸，因为我的读报习惯是在自家的餐桌上养成的。

由于习惯是例行公事，我们不需要费脑筋。这使得它们在我们想要养成一个理想的新行为时特别有用。如果回忆能变成习惯，当你处于触发状态时就会被激活。这样一来，你就会进入玛丽卢·亨纳所谓的"自传式思想状态"，开始思考过去。这会提示你以此为出发点审视人生。

如下图所示，习惯首先从触发提示开始，随后产生行为——这里的话就是回忆。最后产生的积极结果，仿佛是对鼓励未来行为的一种奖励。

养成习惯的3个重复步骤

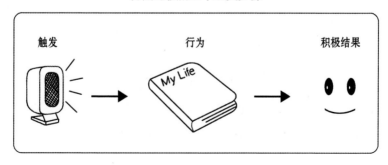

○　找到触发

我们要找的是一个你能停下来反思人生的具体环境,在这里你可以有几分钟私人时间进行回忆。HSAM人群说他们会习惯性地在刮胡子、睡前、早晨醒来、堵车、等待或写日记时回忆过去。最强大的触发点是那些每次都相同的知觉提示——相同的视野、声音、味道。吉尔·普莱斯早晨吹头发就是一个例子,这触发了她对过去同一天记忆的回忆。

○　实施行为

你需要回忆的主题,如果你提早选出它们在这一阶段会很有帮助。以可能性列表为例,比如具体的人生重要时期、主题或事件。你可以每天从列表中挑选一个回忆。回忆的时间取决于你自己,但我建议开始的时候时间短一点,只要几分钟就够了。

○　获得积极结果

对多数人来说,回忆的价值就在于过程。回忆过去,理解你遵循的道路或解决一个问题通常令人心满意足。即使回忆并不令人愉快,你也能从一个新视角赋予它们不同的、更具建设性的意义。以下是玛丽卢·亨纳的做法：

> ……试着用感激的态度看待不好的记忆，就像你翻看十年没碰过的档案盒一样。每一样物品都在诉说一个故事，多年后再看见它会让你对当年的事情有全新的理解。现在的视角也会让你的理解更客观。你开始清楚地认识到为什么会做出某些选择以及在未来相似的情况下会如何做出不同的反应。

总的来说，大多数回忆应该是好的体验。这才是回忆为何具有建设性以及与幸福感相关的原因。回忆的积极结果在这一阶段也很重要，因为它充当了奖励的角色，能通过鼓励重复来养成习惯。

○　需要多长时间?

当习惯变成无意识的行为，就会被认为是完全形成了。这时你会有所感觉：触发条件会让你进入一种想要回忆的自传式思想框架。不幸的是，你无法提前知道这需要重复多少次。在一项研究中，学生需要培养出诸如在午饭时吃一块水果或晚餐前跑15分钟步的简单习惯。平均来说，他们需要6天才能养成习惯。然而，学生个体需要的时间五花八门，从18天到254天不等！如果你想要养成真正的习惯，耐心必不可少。

第十三章　巴黎记忆法

　　如果你能找到实用又通用的方法来提高日常生活记忆会怎样呢？比如记采购单、差事、约会、旅行方向，甚至是演讲和简报。事实证明，你可以利用一组经过验证的记忆策略，它们具有广泛的适用性，值得每一名记忆术研究者掌握。这5个技巧的名称如下，并搭配了一幅与其缩写"巴黎"（PARIS）有关的图像。你在前述章节的记忆实验室部分已经看见过，它们是我介绍来记忆章节内容的技巧。现在，让我们仔细研究这些技巧以及相关的助记范本。

假借字（Peg words）

离合诗和首字母缩略词（Acrostics and Acronyms）

韵律和节奏（Rhymes and Rhythm）

图象（Imagery）

故事（Stories）

假借字策略

这是一本心理记事本，它会帮你记住任何能以列表形式存在的信息。我经常运用它——它帮我记住旅行前的各种准备、要去商店买的物品、员工会议上的承诺和午夜浮现在脑海的想法和任务。大多数情况下，这些信息我只需用上一两天。假借字是一组关联你想记住的物品的具体素材，这些字你在过一段时间以后也能轻易地想起。该助记法的基础是一组易记的押韵诗：

1是圆面包　　　6是棍子

2是鞋　　　　　7是天堂

3是树　　　　　8是门

4是门　　　　　9是酒

5是蜂巢　　　　10是母鸡

只要记住假借字——这不需多长时间——你就能运用它们记忆任何10项以内的清单，清单上的第一项与圆面包关联，第二项与鞋关联，第三项与树关联，以此类推。该技巧的关键是为记忆内容创建与假借字相互作用的生动、独特的想象。所以，如果想在商店买洋葱、番茄和芹菜，首先你要创建洋葱和圆面包的图像，接着设法把番茄和鞋联系在一起，你可以想象一只刚刚踩到熟番茄的鞋，它糟糕透了。你可以通过想象一颗巨大的芹菜树把芹菜和树关联起来。

到了商店，背诵押韵诗——"1是圆面包；2是鞋；3是树"——你会想起图像，进而触发对采购物品的记忆。研究表明：如果图像很好地关联了假借字和清单列表，该助记法会非常有效。而且你不需要担心会混淆对新旧两份清单的想象。在实践中不会发生这样的事。你只会想起最新的图像——这就像你停车去上班。昨天的停车地点并不妨碍你今天把车停在哪儿。

○ 优点

假借字策略在助记的两个方面表现出色。首先，它有助于组织记忆内容，让你在需要时更容易回想起来。假借字利用我们熟练的计算能力作为组织原则——当你在脑海中快速浏览数字时，也是在依次提示采购清单上的物品。其次，假借字能以较好的编码方式来改善每样物品的可记忆性。在这一点上假借字很有优势。当你用想象将采购清单上的"洋葱"和假借字"圆面包"联系在一起时，记住洋葱的概率大幅升高。正如你将看到的，并非所有PARIS技巧都在组织和编码上具备同等优势，因而假借字策略值得注意。它是记忆列表的一种简单、有效又简练的方法。

○　缺点

和其他图像法一样，该策略较难用于不易形象化的记忆内容。以一个包含"验查保险"的待办事项列表为例。你决定在假借字清单上加入"保险"，但想不出表现它的具体图像。解决这个问题的办法之一是使用替代词，寻找一个发音接近"保险（insurance）"的具象词来提示它——也许可以用"昆虫（insect）"。现在你就可以创建一幅图像把替代词和假借字联系起来了。晚些时候，你使用假借字回忆"昆虫"时，它的发音会帮你记起"保险"。我们在第七章里讨论记名字时用到了该技巧。虽然替代词能起到作用，但它们增加了过程的复杂性，需要努力去克服。

○　假借字策略变体

韵字只是创作有效假借字体系的几种方式之一，事实上，我们在第十章用于记数字的"基本记忆法"中就见过其中的一种方式。基本记忆法也是将具体素材和特定数字关联，但素材选自名称里的字母，搭配如1-tie、2-hen和3-ma。其主要特征是辅音t、n、m对应数字1、2、3。元音和其他发音只是创造具象词的辅助。正如我们在之前的内容中所见，基本记忆法可以轻易给出00-99中的任一数字的对应具象词。有些记忆术研究者会使用该方法记忆列表，就像我使用押韵的假借字法一样。它的优点是能处理超出10项的列表。还有一种构建假借字体系的方法是利用字母表配对，比如A-ape、B-boy和C-cat。这些体系都能发挥作用，全看个人喜好。我用基本记忆法记数字，用押韵假借字记列表。我发现相比其他体系，我回忆韵字比较快且不太费力。

○ 首字母缩写和离合诗

这两种助记法均在前述章节的记忆实验室部分出现过。由于显而易见的原因，它们被称为"首字母助记法"，能有效组织和记忆列表上的项目。和假借字法不同的是，这些助记法既适用于具象词，也适用于抽象词。这也是我选择用缩写（PARIS）来编码本章中的5个技巧的原因。我们在第八章里还看过一个例子，即加强前瞻记忆的3种方法的缩写（ICE）——执行意向、想象提示和夸大意义。

首字母缩写通常较短，一般不超过5到6个字母。如果它们可读的话会更有帮助，最好是像PARIS和ICE这样形成可辨认的词。其他著名的缩写还有记忆五大湖的"家园"HOMES（休伦湖Huron、安大略湖Ontario、密歇根湖Michigan、伊利湖Erie和苏必利尔湖Superior）以及记忆美国宪法第一修正案的RAPPOS（宗教religion、集会

assembly、请愿petition、出版press、意见opinion和演讲speech）。

有意思的是，第一修正案里并没有"说唱波斯"RAPPOS助记法中的"意见"——它包含在言论自由之中。该缩写的发明者可能是为了两个P的发音而添加它的，如果缩写是RAPPS就只有一个p的音了。

离合诗在概念上和缩写类似，其优势是形成了有意义的短语，这让它们能支持更长的列表，比如第四章里的"浪漫的龙"离合诗——"浪漫的龙吃蔬菜，还爱洋葱"——它提示了增强记忆的7个法则：记忆意向、深加工、细化、视觉化、联想、实践和组织。其他类似的7个字母缩写（比如REDAVOP）累赘且难以记忆。即使是较短的列表，如果首字母缩写无法发音或发音拗口的话，离合诗也是一个好选择。第七章中如何记住名字和人脸的助记法就是这种情况：找到特征、听、说以及实践。离合诗"友好的羊驼寻找人类"比尴尬的缩写FLSP要好得多。

离合诗太长，会让句子变得臃肿不堪。比如这句关于化学元素序列的15词离合诗："糟糕的罐装香肠让一个祖鲁人生病了（Poorly Canned Sausages Make A Zulu Ill），因此让非常聪明的男人屠宰好猪（Therefore Let Highly Clever Men Slay Good Pigs）"（钾Potassium、钙Calcium、钠Sodium、镁Magnesium、铝Aluminum、锌Zinc、铁Iron、锡Tin、铅Lead、氢Hydrogen、铜Copper、汞Mercury、银Silver、金Gold、铂Platinum）。虽然这句复杂的离合诗肯定比化学周期表好记，但得花些功夫练习才能掌握。

创作者聪明地把它分成相对较短的两个句子，这对那些必须要记住它的人来说是件好事。一般来说，随着记忆列表长度的增加，离合诗会越来越偏离正轨。某种程度上，它会逐渐演变成著名的"记忆宫殿"。我们会在下一章里阐释这种方法。

缩写和离合诗的一个优势是通过将首字母编码成一个词或短语，把列表组织为容易记的形式。还有一个好处是它们能让你知道必须记住的列项的数量及完整性。它们的劣势则在于并未大幅提高列项的可记忆性——其假设前提是每一项的首字母足以用来提示对它们的记忆。事实并非如此。我们重新审视缩写词RAPPOS，看看它是否能成功提示对第一修正案的记忆。如果你有所遗忘，这并不是因为具体的保护条例很难或很陌生，而是因为它们的关联没有紧密到足以让单个字母提示记忆的程度。对我们大多数人来说，这个缩写只有在我们强化和关联保护条例记忆的时候才会起作用，因此即使缩写词的提示作用相对较弱，我们也能想起它们。你只有经常练习才能轻松想起保护条例。

韵律和节奏

不知道该往哪边拧螺丝？就说"右边紧，左边松（Righty tighty, lefty loose）"。有人休克了？令其躺下，然后想"如果脸色发红，抬起头部。如果脸色发白，抬起腰部（If the face is red, raise the head. If the face is pale, raise the tail）"。筹备正式聚会? 记住"威士忌加啤酒，危险重重；啤酒加威士忌，永不畏惧（Beer on whiskey, very risky; whiskey on beer, never fear）"。

　　韵律和节奏作为助记法由来已久，而且理由充分——两者皆是有效的记忆提示。为了说明原因，我们再来看看第九章里的打油诗《亨利》。

亨利

曾经有个男孩叫亨利

他试图提高自己的记忆

他练习要记的信息

隔一段时间记一次

结果发现自己拥有了好记忆

　　只要想起第一行就会很顺利，因为第二行与第一行在以"ry"押韵、符合打油诗的节奏、言之有理这3个方面保持一致。这就像拼图游戏里摆对位置的3个碎片——韵律、节奏、意义——下一片拼图必须和它们严丝合缝。正如记忆研究人员戴维·鲁宾指出的那样，这3个特征极大地缩减了之后的可能，使得记忆系统能更容易地搜索到下一句语言。韵律、节奏和意义既起到了提示记忆的作用，也起到了限制记忆的作用。这就是为什么诸如押韵的格言和打油诗等助记法容易记忆的原因。

韵律助记法总有一个强调韵词的节奏。比如打油诗《亨利》中：

There ONCE was a boy named HENRY

Who TRIED to improve his MEMORY.

正是这种语调模式让韵律得以发挥良好的记忆提示作用。通常我们不用绞尽脑汁去押韵。这样做很容易——bye、sky、high、die——但前提是我们刻意这样做。简单节奏的贡献是强调必须要有押韵词。这是"韵律模式"的标志，提示记忆系统去寻找合适的匹配。

即使没有押韵，节奏也能作为记忆提示，并在非凡的记忆壮举中发挥作用。罗马帝国时代，背熟整首《埃涅伊德》对人们来说并不陌生。这是公元前2世纪维吉尔所写的一首将近10000行的诗歌。诗歌独特的节奏，即六音步长短格的语音模式形成了易于记忆的结构。时至今日，很多人能背诵整部《古兰经》，这部用阿拉伯语写成的作品包括6000多个句子和80000多个词。和《埃涅伊德》一样，它的语言并不押韵。令人惊叹的是，很多人根本不懂阿拉伯语，因此字词对他们来说根本没有意义。他们首先学习阿拉伯语字词的发音，以便能读出《古兰经》的节奏。在大约3年的学习中，该节奏成为他们一句接一句刻苦背诵《古兰经》的主要记忆工具。

在本章的助记法中，韵律和节奏别具一格，因为它们不仅可用于记忆列表，它们还有助于逐字逐句地记忆各种文本。文本可能包含一个原理，比如打油诗《亨利》；也可能包含一个建议，比如拧螺丝的谚语；还可能是一部巨作，比如《古兰经》。韵律和节奏好比是一个容器，记忆术研究者可以往里面装任何文字内容。

图像

图像在记忆技巧里无处不在，我们在这本书里也经常遇到。这里我们将研究一种以图像为基础的技巧，在所有记忆策略中它最简单，也最基本，这就是"链接法"，它通过在记忆列项之间创建一系列的视觉关联，最终建立一个包含整个列表的关联链帮助记忆。我们在第十一章里举过例子，我运用链接法记住了演讲内容。

因为简单易懂，记忆课老师经常用它向新学生演示助记法的力量。伟大的记忆表演家和记忆培训师哈利·洛拉尼对此十分精通。在讲习班上，当他要求学生记住一份列表时他们炸开了锅。下文节选自他的一本书，详细阐述了他的方法。洛拉尼在此和读者分享了他如何使用链接法记忆如下列项：信封、飞机、手表、药、昆虫、钱包、浴缸和鞋。

首先是信封／飞机。想象一个信封，然后在脑中把它与飞机联系起来：一个巨大的信封像飞机一样飞；一架飞机在舔封口巨大的信封；无数信封在上飞机或下飞机；你打算把飞机塞进信封。你只需一幅图像，可以从我推荐的图像中挑选一幅，也可以自己想象和领会……

飞机／手表。手表是新物品，必须通过飞机来提示记忆。你能发现你的手腕上戴着一架大飞机而不是手表吗？或者每个飞机翅膀上都戴着一个巨大的手表，或者一个巨大的手表在像飞机一样飞……在你的脑海里想象其中一幅图像。

他不停地帮助学生一对接一对创建链接列项的视觉图像。结束后他让学生记忆列表，他们发现容易多了。最后他还玩了一个花样，要求学生倒着回想列表。他们惊讶地发现这也很容易。在听众的叹服和催促里，洛拉尼随时准备进入下一个讲课话题。

链接法非常适合洛拉尼的尝试，因为它不需要太多准备。不用记住假借字，不用创作离合诗，只要想象两件物品之间的关联。关联就绪后，你就能逐项正着或反着记住列表。

链接法的缺点是它所创建的关联链是脆弱的。如果忘记其中一环，你就会陷入麻烦。如果忘记了列表首项，你就无法想起其他列项，这将是一个灾难性的后果。因此我们要反复练习，牢牢记住所有链接。哪怕我对首项的记忆有一丁点儿的担心，我就会创建一个起始链接来确保记住它。我想象了一幅船锚的图像，并将它与列表首项关联起来。

在助记效果上，假借字法要优于链接法，因为它不存在"薄弱环节"问题。即使你忘记了假借字体系里的一个词，也不会影响到其他。你只要继续下去就行。但除了缺点，链接法也有优势。它使用简便——不需要烦恼于应对假借字。假如你需要记忆的只是列表的下一项，那它特别有用——比如你必须记住演讲的下一个话题或采购清单上的下一样商品。运用链接法，你会想起当时创建的关联，进而想起下一项内容。

故事

几个世纪以来，文化集体记忆是通过上一代人向下一代人讲故事的形式传承的。故事是天然的助记工具。它们作用显著，有助于强化记忆。它们以意义为基础，对素材进行组织和深加工；它们细致详尽，富于联想。这些优势无疑解释了用故事传递重要信息的原因——伊索的寓言、《圣经》的智慧，以及民间故事的教化。

该技巧的使用非常方便，只需给易忘的信息编一个故事即可，而且还能和任何其他助记法结合起来使用。假设你正使用假借字法记忆一份购物清单，需要关联"洋葱"和"小圆面包"。如果想象洋葱三明治不起作用，你可以编造一个故事："为了拿大奖，这块三明治参加了全国食物竞赛。甜洋葱的特点一定会得到评委的喜爱。"这种简短、充满幻想的故事对确保你在需要时能想起图像大有帮助。

故事也可以作为独立助记工具使用。我们在第十章里看到吕超就是这样记忆圆周率的前67890位的。他用一个具体对象对应一组数字，再把一组对象编成互相关联的故事。他不断重复这一过程，直到长长的故事链能让他记住庞大的数字。

我们可以用同样的方式来运用故事法，即围绕需要记忆的列项创作故事。为了记住购物清单——洋葱、番茄、芹菜、牛奶和面包——你可以创作一个囊括这些物品的故事。比如：

洋葱走进酒吧，坐在烂熟的番茄旁边。酒保芹菜走过来，于是洋葱点了牛奶。芹菜送上饮品。番茄嗤笑一声说："到酒吧里喝牛奶？"然后继续吃她的面包，每吃一口都要小心地把面包在马提尼酒中浸一浸。

想象故事和描述故事都有助益，若能进行一两次练习再好不过。研究表明，故事法行之有效。在一项研究中，运用故事法的大学生所记忆单词的数量提高了6倍。该技巧特别适用于需要记忆较长时间的内容。事实证明它对老年人同样有效，而且与其他助记法相比更容易使用。

故事法的优势是通过叙述来组织记忆内容并提供回忆提示。连贯的故事能很好地实现这两个功能。但和链接法一样，组织和提示来自记忆内容本身，因此如果你忘记了一样东西，可能就会产生多米诺效应。

故事法最适合不太长的列表。吕超将大约5个列项编成一个故事。我举例的购物清单也是这个数量。想象一下把该故事扩充到容纳15样物品——不但需要大量的时间和努力，而且最终产品很可能是一个很容易忘记的复杂故事。但在列表不太长时，比如10项以内，故事法是锻炼记忆技巧的一个有趣方式。我要求记忆课上的学生用不同的方法记列表，然后选择一个自己最喜欢的方法，故事法永远是他们的首选。

最后的结论

巴黎记忆法是通用的记忆策略，你可以将其用于任何内容的记忆。它们能满足你对日常记忆的需求，而且无须借助笔记和电子设备，全然依靠你的智力和知识。比如，你去购物时真的需要写一张清单吗？不带清单去买回所需的东西难道不是更有成就感吗？难道你不能运用PARIS策略记住待办事项清单吗？

巴黎记忆法也可以用来提高自然记忆。在商业演示中，你可以通过助记列表来记住要点——自我介绍→问题→方案1→方案2→建议。运用一个具象词来提示每个要点并把它们关联起来，你可以在会前轻松地预习演示。在总结要点时，你很可能用不到助记法，因为练习会让信息唾手可得，并为自然记忆的良好表现做好准备。该策略适用于各种情况——演示、面试、推销——任何你需要发言而没有笔记或幻灯片的场合。

当然，你并非必须要用我说的助记法记忆这种信息——一张便笺纸和一支铅笔就能让你应对这些情况。但PARIS策略值得练习，因为它们让作为业余记忆技巧践行者的你有机会接受脑力挑战，并迎难而上。它们让你远离无处不在的智能手机和平板电脑，而且锻炼了你的大脑。你得到的回报不仅有个人的满足，还有知识，它们能让你有效运用最复杂的思维过程——工作记忆、注意、自上而下的控制、自我约束以及自力更生。

还有一种技巧需要添加到你的助记法知识库，它是记忆易忘信息的又一个选择。和巴黎记忆法一样，它适用于能以列表形式存在的记忆内容。该技巧被认为是古代记忆技巧的集大成者。几个世纪以来，它广受诸如从西塞罗、托马斯·阿奎那到约书亚·弗尔、多米尼克·奥布莱恩的称赞，并代代传承。下一章我们会探讨这种提高记忆的非凡方法。

记忆实验室：

巴黎记忆法测试

领会巴黎记忆法的最佳方式是实践。除了韵律和节奏以外，它们非常适合记忆购物清单、待办事项清单以及约会、密码和方向等。你可以从随机的具象词开始测试，为此我已经在下一页列出了5份简短的清单。每一份清单的目标都可以运用助记法来保持一两天的记忆。测试中，你可以尽情享受成功但也要时刻关注失败。通过寻找失败的原因，你能学到许多具体运用助记法的知识。清单如下：

假借字：草原、鹳、手肘、行李、狐狸

首字母缩写：器官、尖塔、关节、水池、鹰

离合诗：傻瓜、剑、柠檬、辐条、雕像

图像（链接法）：芦苇、钉子、路、水壶、酒

故事：刀刃、日记、雷声、帝王、边缘

第十四章　记忆宫殿

　　2001年至2006年间，小安德鲁·卡德担任乔治·布什总统的办公室主任。卡德负责安排总统每天24小时的行程，从安排重要会议到记住总统下一次理发的时间，他什么都得管。这是一份充斥了无尽的重要或不重要的细节的工作。在过去50年里，卡德在该职位上干得比他的前任要久很多。

　　假如你认为卡德设计并使用精巧的文件或电子表格来记录他的职责，那你就错了。报道称他很少在会议上记笔记，办公桌上也是干干净净，几乎空的看不见一张纸。事实上，笔记、提醒事项以及日程安排都记在安德鲁·卡德的脑子里。他几乎完全是通过一种叫作"记忆宫殿"的助记法来从事高压工作的。在"记忆宫殿"里，他同时处理任务、问题以及来来去去的人。

　　"记忆宫殿"是指一种人们很容易想象的、固定的、众所周知的位置——比如你家的房间或你家附近沿街的不同地方。它通常被称为

"位置法"（原文为"loci"，拉丁语，地点的意思）。运用"记忆宫殿"时，你需要在记忆内容和特定位置之间创建视觉联想——所以，你可以通过想象每样物品在记忆宫殿的不同位置来记住购物清单——比如衣柜里、餐桌上、浴缸里。等到了商店，你在脑海里想象每个地方，找到当时创建的图像，就能想起要购买的商品。

卡德的"记忆宫殿"是他童年时的厨房。它的特点让它具备了很多存储区域——炉灶、台面、橱柜以及其他厨房家具。他存储在那里的信息要比购物清单复杂得多，但原理是一样的。他想象一幅代表信息或任务的图像，再把它和特定的位置关联起来。《华盛顿邮报》2005年的一篇报道描述了"记忆宫殿"的作用过程。

当处理当务之急的事项时，卡德想象自己站在炉灶边，在操作"前面和后面的燃烧器"。今天早上要处理情报改革。他需要联系几个人：9·11委员会主席汤姆·基恩和李·汉密尔顿、代表邓肯·亨特和詹姆斯·森塞布莱尔，以及众议院议长丹尼斯·哈斯特。他说，他们"在我的右前方的燃烧器"上。

"然后我转向第二重要的左前方的燃烧器。"卡德说。他将帮助总统雇佣一名内阁秘书，于是他转向右后方的燃烧器（在第二个任期内雇佣白宫工作人员）。"我在厨房里解决所有事情。"卡德说，"如果事情要推迟很长时间才办，我就把它们放在冰箱里。然后我就可以通过冰箱想起搁置很久的事。"他会把昨天解决或搁置的事情存储在橱柜里。

在2009年接待我时，他详细阐明了"记忆宫殿"，描述了其他位置，每一个位置都充当着一间忙碌的办公室，需要处理不断变化中的工作，如新需求、危机以及重要人物，等等。他用烤箱存储那些需要在解决前保持一两天热度的问题；用微波炉存储那些需要尽快完成的事情；用水池存储那些需要梳理的麻烦事。当某件事不需要再记忆时，卡德把它的关联图像丢进垃圾桶"倒掉"。他说他总会在扔垃圾前停顿一会儿，询问自己是否真的想要丢掉它，因为一旦丢掉了他肯定会忘记。

卡德告诉我他很少在会议上记笔记，而是判断哪些内容需要记忆，并在脑海中把它们放在厨房里的合适地点。他会通过厨房回想会议上的信息。一天当中，他会定时"清理厨房"，想象自己在里面走来走去，改正这些、处理那些，更新那里存储的信息。这种方法卡德用了几十年。

从高中开始，卡德就对"记忆宫殿"产生了兴趣。当时他偶然遇见了一位记忆表演家，他跟他说了表演的经过。那次谈话让他终身都对记忆技巧充满兴趣。

不久，他把这种方法运用到学校功课和课后的快餐厅兼职上。记忆法对脑力的挑战深深吸引了他，他的技巧不断提高，最终进入白宫履行职责。他是否觉得自己的自然记忆特别突出呢？我向他提出这个问题。他说他没这么觉得。相反，他把自己非凡的能力归功于对厨房的心智训练。这一过程对他来说既迷人又有益。

"位置法"在古代

　　卡德运用得炉火纯青的"位置法"作为一种宝贵的助记法已经存在两千多年了。传说它是由公元前500年希腊一位著名的、人称"甜言蜜语"的诗人西蒙尼戴斯发明的。4个世纪后，大约公元前50年，西塞罗的作品对当时的事件做了最好的描述。似乎是一名贵族为了自己的荣誉打算办一场宴会，并雇佣西蒙尼戴斯为宴会写一首赞美其荣耀的颂歌。当在宴会上读这首颂歌时，其中一段拼命称颂两位年轻神明——卡斯托和波力克斯的功绩的诗文让这名贵族大为恼火。愤怒的贵族告诉西蒙尼戴斯，他只会付给他约定价钱的一半，让他去跟那两位神要另一半。此后不久，仆人对西蒙尼戴斯说外面有两名年轻男子等着见他。但他出去后一个人都没看见。就在此刻，屋顶塌了，压死了所有人而且尸体被损害得很严重，完全无法分辨他们的身份。但是，西蒙尼戴斯通过想象当时的场景记起了餐桌周围每个人的位置。栩栩如生的记忆让亲属们得以辨认尸体。后来西蒙尼戴斯在反思这段经历时提出了"位置法"，其原理是一组井然有序的已知位置能帮助一个人记住任何与它们相关联的信息。

　　西蒙尼戴斯生活在古希腊初期，那个时候正是建筑学蓬勃发展，民主政府开始出现的年代。教育越来越受重视，人们普遍能读书写字，书面作品更加普及。也许有人认为口头文化到书面文化的转变会减少而不是增加对记忆的需求。但经典考古学家乔斯林·潘妮认为，实际上书写起到了相反的效果，导致了对记忆技能和记忆技巧的需求。为了理解这一点，我们需要了解当时书写文本的性质。

提到"书写"，我们想象的是印在页面上的文字，就像你现在看到的这页纸一样。但你正在阅读的书面文字是经过一系列改革创新的结果，当时的希腊人和罗马人并不懂这些。他们的书写形式是所谓的连写字，这种形式一直持续到大约公元1000年，字词、句子和段落之间没有空白和标点。下文显示了连写字形式和相同内容的现代格式。朗读连写字时通常按照音节，而不是按照单词。朗读者一边读一边听发音，结合发音和书面文字来破译信息。手稿本身是长长的一卷，像《伊利亚特》这样的巨著有24卷，印成现代的书籍超过400页。没有章节标题、小标题、目录、索引，有时候甚至没有手稿标题。真同情那些忘记要点然后去手卷上找的可怜读者。事实上，文字远没有造成记忆技能的过时，反而让它变得更加重要。直到很多世纪后，诸如字距、大小写、标点、分段、标题和统一的拼写才开始广泛使用。

（因此，西蒙尼戴斯的发现给学生和学者提供了一种具有实用价值的技巧。智者派，一群辅导学生学习哲学、演讲和写作的知识分子采用并传播了这种技巧。亚里士多德的赞美让这种技巧红极一时，而且他对该技巧的运用可能也非常熟练。）

公元前146年，希腊并入罗马帝国，记忆策略传播到西方，成为标准课程的一部分。富裕阶层的子女在跻身上流社会的过程中都要学习标准教程。他们学会的记忆技巧让他们在很多方面受益，而不仅仅是一种帮助学习的方法，当时的罗马人非常重视记忆能力本身。公开演讲传递了这种信号。诸如西塞罗这样的杰出演说家备受拥戴，人们惊叹于他们脱稿发表雄辩演讲的能力。"位置法"为这些以及更多演讲提供了帮助。记忆学者玛丽·卡拉瑟斯认为，伟大的演说家创造性地用"记忆宫殿"来分析复杂的情况、虚构制胜的论据，并处理对手的反驳。

利玛窦

虽然"记忆宫殿"的概念很简单，但如何运用"记忆宫殿"的许多细节实际上很让人费解。它们在教育中发挥什么作用？信息可以被记住多长时间？除了演讲外它们还适用于哪些场合？古代对记忆技巧的描述很多都十分简略，因为它们的技巧运用建立在常识的基础上。不过，也有一个值得注意的例外：16世纪一位名叫利玛窦的牧师。尽管他生活的时代已经和罗马鼎盛时期相去甚远，但他掌握了同样的记忆技巧，甚至还从西塞罗时期的书面作品中学习。他的故事为这些记忆技巧在现实世界的应用提供了思考。在讲故事之前，我想先补充一点记忆技巧在这期间的发展。

经典记忆技巧——形象化、组织、联想和"位置法"——继续在罗马帝国教授和运用着，直到公元500年帝国崩溃为止。大城市陷入混乱后，巨大的动荡随之而来，教育基础设施销声匿迹，人们的读写能力大幅下降。记忆技巧也是受害方之一，没人使用它们。但令人惊讶的是，在13世纪，学术僧侣在遗失多年的罗马文字中发现了对它们的描述，并复兴了记忆技巧。其中一位僧侣就是伟大的天主教神学家托马斯·阿奎那。这位多米尼加的修道士出生于1225年，在研究古代作品的过程中成了记忆技巧的专家，并利用它们的优势写出了有影响力的作品。托马斯总结说，记忆技巧对寻找救赎的基督徒很重要，因为"很多记忆"是明智的道德选择的先决条件。在他的提倡下，"位置法"不仅成了一种实用技能，而且被认为是高尚的道德。道明会以及后来的耶稣会广泛传授托马斯主义的观点，促进了记忆技巧在受过教育的精英中间的使用普及。16世纪以前，记忆培训在学校和宗教学院中非常普遍。

1552年出生于意大利的利玛窦接受了这种培训。后来这些记忆技巧帮助他成功以耶稣会传教士的身份在中国传教。历史学家乔纳森·斯宾塞在写他那本著名的《利玛窦的记忆宫殿》时，挖掘出许多关于利玛窦的生活及其所受培训的细节，让我们得以窥见当时对助记法的实际使用。

1571年，利玛窦加入耶稣会，并在著名的罗马耶稣会大学接受了大部分培训。耶稣会大学创建于1540年，自豪于当时知识前沿的地位并为此给学生加诸了繁重课业，包括人文、神学、科学和数学。记忆培训是教育的一部分，因此利玛窦有机会得到记忆专家的指导。斯宾塞认为，该大学的记忆老师中很可能就有弗朗西斯科·帕尼格罗拉，据说他能"记住100000张图像，每一张都有固定的位置"。利玛窦可能建造了许多记忆宫殿，这有点儿像一座记忆城市，里面有不同的结构体用以记忆不同的学科。

利玛窦的记忆宫殿很可能有多种形式。有些造得像他知道的大教堂，每座教堂里都有许多位置留给记忆图像。另一些宫殿可能由罗马或其家乡马切拉塔周围的熟悉路线构成。这些路线上的地标是理想的记忆位置。还有一些宫殿可能是小型摆件，即虚构人物的雕像或图像。围绕着这些虚构人物或图像的神秘物体和字母被认为是语法规则的记忆提示，每一样都在绘图里占据特定的位置，从而为信息创建了一座记忆宫殿。一幅特征明显的人物图像代表一门人文学科。在这里，语法被描绘成一名严厉的老妇人。而修辞学比较有魅力，被描绘成携带着各种修辞格记忆提示的高大勇士。其他的拟人化图像还有逻辑学、算术、集合、天文学和音乐。利玛窦可能仔细研究过这些图像，经过个性化的修改和赋意，为每门学科的核心理念建造了记忆宫殿。

到学业结束时，利玛窦拥有大量的记忆宫殿用于传教的冒险。他在未来运用学到的知识的能力很大程度上取决于这些助记法的作用，因为他很难找到西文图书来更新自己的知识。1578年，他首先到达印度。他带着少许私人物品进行了6个月折磨人的海上航行。1582年，他离开印度前往中国，并在那里度过余生。

利玛窦的第一个任务是学习语言，他运用了记忆技能，研究中国的汉字，并开始背诵，几乎可以肯定他把它们放进了记忆宫殿。到1585年，尽管磕磕绊绊，但他已经可以不靠翻译说中文和读汉字文章了。到1594年，他已经能流利地用中文交谈和写作，这让他得到了当地人的接受。这期间，他发现中国人对记忆技巧非常感兴趣。以下是他对1595年和南京的精英分子一起参加聚会的描述。聚会上聊到记忆策略的话题，于是他提出做个示范。

我说，他们可以随意选择在纸上写下许多无序的汉字，因为我只要看一遍，就能丝毫不差地记住它们。他们照做了，写了很多无序的汉字，我看了一遍后准确地复述出来。他们都很惊讶，仿佛这是一个伟大的成就。我为了让他们更吃惊，开始倒着背诵汉字，从最后一个字背到第一个字。他们完全惊呆了，仿佛发狂一样，立刻开始恳求我教给他们这种提高记忆的神奇方法。

　　上文中，我们看到了一位记忆大师的表演。利玛窦的自传作家斯宾塞认为，这次演示涉及成百上千的汉字。如果尝试过记忆宫殿，你会发现如果有充足的时间创建必要的图像，它们使用起来并不难。你甚至会发现自己能轻松地正着或反着记起任何一份列表。但像利玛窦这样在实时压力下使用记忆宫殿完全是另一码事。他的成功表明，他肯定对该技巧进行了大量的训练。

　　中国人对记忆的兴趣为利玛窦打开了局面，使他得以和知名人士交往，从而提高自身地位和发展社会关系。其中有一人是管理南京所在区域的官员，他渴望自己的儿子能在科举中拔得头筹。这些难度极大的考试涉及数量惊人的文字材料，而考试结果对年轻人的前途意义重大。利玛窦答应教他的儿子用西方记忆技巧备考。为此，他写了一本关于记忆宫殿的中文小册子赠送给该官员和他的3个儿子。不幸的是，他的计划没有成功，而失败的原因为"位置法"的使用提供了一个宝贵的经验。

　　并非他的儿子没有通过考试——事实上，他们考得很好。他们只是发觉利玛窦的记忆技巧没有用处，因而选择用自己的方式准备考试。事后看来，这并不奇怪。虽然记忆宫殿的原理很简单，但将之运用到复杂内容上需要技巧和经验。那3个儿子只能利用对技巧的书面描述来记忆海量的高难度信息，他们没有先练习。随之而来的自然是困难和沮丧。这一教训对每一个有兴趣使用记忆宫殿的人都十分有用：从简单的内容开始，而且要循序渐进。

中国人不单对利玛窦的记忆技巧感兴趣，他们渴求西方的数学、科学和某些哲学方面的知识。利玛窦看到了打开局面的又一个机会，开始准备把相关书籍翻译成中文，这些中文译本能广泛传播到有影响力的读者群中。利玛窦推断，如果他们喜欢这些书，也许能接受更多宗教主题的作品。

某些情况下，他可能根据拉丁文书籍进行写作，比如欧几里得的《几何原理》。但在其他方面，斯宾塞认为他凭借记忆写作。斯宾塞发现，利玛窦的中文书籍引用了西方作品的素材，而这些西方作品当时肯定还没有进入中国——包括《伊索寓言》选段、不为人知的希腊哲学家、古罗马诗人，这些书中的重要节选内容无法全部归因于利玛窦的艰苦旅行。斯宾塞发现利玛窦的翻译忠实于原文。这些都是利玛窦几十年前在耶稣会大学学习的科目，是他仔细存储在当时创建的记忆宫殿里的内容。

○ 长期持续的记忆

如果斯宾塞是正确的，利玛窦译本里的许多内容来自他几十年前创建的记忆宫殿，那他的记忆确实非常持久。当代研究表明，学校课堂里学到的知识——历史、公民学、心理学、科学——约有30%第一年就会被忘记。4年后，这一数据增长至70%。

　　利玛窦的记忆如此长久的原因是什么？也许记忆宫殿的两个特点可以解释这一点。首先，创建记忆宫殿需要深加工、组织和形象化。这会强化初始学习，从而有利于记忆的长期持续。其次，记忆宫殿一旦创建成功，就能让人无须借助书本或笔记等学习资料来进行复习。利玛窦可以随时在脑海里逛一逛宫殿，依次回想每一个信息。对他来说，宫殿就是抽认卡的虚拟版本。利玛窦是一个刻苦的学生，如果他在大学期间不时复习学到的知识，这些复习就会形成我在第九章里提到的"永久性记忆"。这些你学会的知识经过间隔练习变成非常牢固的记忆，可以持续几十年，甚至长达50年。比如，如果你选修了西班牙语课程，每一节课都是你复习词汇和语法的机会，由此形成的长期记忆，即使你在大学毕业后从未再用过西班牙语，也依然会记着它。利玛窦的记忆宫殿可能也是同样的情况。

○　记忆技巧的衰退

　　尽管在利玛窦的时代，耶稣会大学确立了记忆培训的地位，但在更为广阔的欧洲文化中，种种原因导致了它的衰退。发明于一个世纪以前的印刷术使得书籍数量非常充足，由此扼杀了记忆培训的动力。批评家们严厉斥责记忆培训是一种与学习无关的死记硬背，原因是有些迂腐的教师用这些方法强迫学生记忆无用的信息。新教改革者宣称，记忆技巧中对图像的使用是一种邪恶的习俗，将会导致邪神崇拜。随着理性时代和科学革命的出现，新观念大行其道。对越来越多的人来说，这些都意味着依赖位置和图像的"位置法"不再被需要。最终，利玛窦所使用的高超记忆技巧变得黯淡无光，再也没能东山再起。

记忆宫殿在21世纪

毫无疑问，记忆宫殿在早期发挥了重要作用，但这些古代记忆技巧适合当今世界吗？事实上，除了记忆竞赛，很少有机会用到"位置法"。这可能是因为该技巧需要的努力和实践以及适用场合都含糊不清。我最初尝试"位置法"是出于好奇，想弄清它的作用过程，但我很快发现记忆宫殿不仅是一种吸引人的记忆策略，而且非常实用。以下是我用来说明其潜力的几种记忆应用，也许你可以作为参考。

○ 列表

上一章里提到的任何基于列表的内容——购物清单、待办事项清单、预约——都可以用记忆宫殿处理。列表很长的话，比如超过10

项，我就会选择记忆宫殿来助记。其中最具价值的应用是帮我记住学生的名字。

　　新课开始的前几天，我把报选修课程的学生名字存进专门的记忆宫殿。里面的位置是一条通往购物中心的繁忙街道的沿线。我非常熟悉这一区域，能轻松地想起线路图。一个班级通常需要大约30个位置，虽说街道沿线的位置有70个之多。它们以10个一组的形式帮助我记忆。利用学生花名册，我为每个名字在特定位置创建了记忆提示。比如，如果名字是"艾略特·贝科（Beck）"，位置是"熊猫餐厅"的一张桌子，我就运用第七章里提到的记名字的技巧在那个位置创建一幅提示艾略特名字的图像。我可能会想象政治家"艾略特·斯皮策"坐在桌子边玩弄鸟喙（beak）一样的东西。接着是"格雷琴·伯恩斯"，我在下一个位置，虎爪美甲沙龙的一张专门的椅子里为她的名字创建一幅记忆图像。我不断复习记忆宫殿，直到完全记住花名册为止——无论正着还是反着。上课第一天，当见到学生时，我将他们的脸和已经记住的名字关联起来，这大大缩减了我的工作量。下课后，我立即重返记忆宫殿。随着对名字的复习，我回想与之相关的脸来加强关联。到第二周，我通常已经记住了所有人的名字，然后再也不需要记忆宫殿了。接下来的几个月里，我会慢慢忘记名字在宫殿里的位置，而且在新学生到来前也不会再用这座宫殿。

○ **备忘记事**

　　我对安德鲁·卡德运用记忆宫殿管理白宫日常事务特别感兴趣，因为随着新信息涌入和旧信息过时，他记忆的内容会一直变化。我决定尝试使用相似的方法，好搞清楚它的作用原理。那是大约10年前的事了，我发现它到现在还有用。它取代了那些安排日常生活的预约日程表、备忘录和便签贴。

　　这座记忆宫殿是我的车库。就像卡德的四眼炉灶一样，它由一系列场所构成，每个场所都给记忆图像留着几个位置。第一个场所是车库门旁边那面墙上的架子。我想象架子上有4样物品——劈木头用的钢楔、菜园里用的挖掘工具、肥料箱和软管喷嘴——每一样都可以存储一幅记忆图像。4样物品均匀分布在架子上，光线充足。注意，这是我想象中的架子。真实的架子没这么整齐，而且物品也经常变换。但在我记忆宫殿里的架子永远不变。我通过关联记忆提示和位置来记住各种各样的差事和预约。比如，我需要重新申请一个专业协会的会员资格，所以我想象钢楔深深楔进该组织的标志，将它一分为二。菜园工具则关联我所服务的一个咨询委员会的下一场会议；肥料箱张开大嘴，提醒我下一次的牙科检查。如果有需要，我可以为预约的日期和时间创建助记图像，但并没这个必要。我经常检阅记忆宫殿，看到箱子时我就会记起预约——5月7号上午9点。

第二个场所是车库墙下面一点的另一个架子。它上面另有一些物品充当记忆图像的位置。现在那里放着我一直在推迟的家居维修的提示，应该换掉的一个坏钻头以及准备我需要的打印机油墨。当完成一个任务后，我会很快忘记它，而那个位置会存上一件新差事。

其余10个场所位于橱柜、工具箱、抽屉和工作台。每个场所都包含充当用以关联相应生活方面的位置的物品——我参与的社区组织、我的记忆课班级、习惯和爱好、家人、朋友、健康以及这本书的写作等等。我几乎每个工作日的早晨都会访问记忆宫殿。这对我来说是一段平和的时光，我在想象中去每个场所发现存储的记忆内容。随后，我会进行一天的规划。

○ 记忆信息

记忆宫殿的一个传统用法是存储静态信息，比如利玛窦以此记忆他在大学里学到的知识。我是一名私人飞行员，我有一座记忆宫殿专门用来存储航空知识。我创建它时想象的是我驾驶的飞机。我在飞机左翼上想象出一个穹顶结构，在里面创建了3组独立的位置。飞机前部靠近螺旋桨是另一个虚拟记忆区域。我把它想象成联邦航空局的一辆巨大的黑色摆渡车，车上的位置关联各种各样的规则。飞机右翼上一个虚拟机库存储不同飞行情况的记忆提示。天气情况存储在飞机尾部。我主要在飞行季的伊始，也就是春天使用这座记忆宫殿来复习和更新重要信息，以便有所需要时我能很快想起来。

在为信息创建记忆宫殿的过程中，第九章里的建议很有用。首先要整理信息，将其分割成小块。其次是将每一小块形象化地与记忆宫殿里的位置相关联，并为其创建记忆提示。当提示与特定位置关联后，你就能通过想象中的宫殿复习信息了。

第九章里的亨利助记图像总结了记忆信息的步骤，如下图所示。亨利的停止标志提示了记忆过程：分割——提示/练习——回顾。"H"提示了打油诗《亨利》，它强调的是间隔练习的重要性；哑铃提示了"五隔法"；"DD"代表"理想困难"，提示了当回想信息有难度时最好的解决的办法是练习。记忆宫殿将这种记忆信息的方法提升了一个层次。

亨利，第九章中信息记忆法的助记图像。这些技巧可用于在记忆宫殿里确立信息。

○ 记扑克牌

因为某种原因，记忆扑克牌的顺序引起了人们对记忆技巧的兴趣，其中也包括我。这是记忆竞赛的标准项目之一，获胜者常常展现出令人震惊的记忆能力。目前记忆一副52张扑克牌的世界纪录是21秒。前世界冠军多米尼克·奥布莱恩曾经在一个单项比赛中记住54副牌（共计2808张）。这些记牌壮举都是通过记忆宫殿完成的。

我的理想要平凡得多。对我来说，记牌是一种娱乐性的挑战，不是竞赛，因此速度不是记忆的重点。我在桌上放一副牌，时不时看两眼。我洗洗牌，然后试一试。当我全部记住的时候，感觉生活非常美好。

找到一种编辑扑克牌的方式是首要条件，这样才能把它们放入记忆宫殿。诸如"梅花2"或"方块3"这样的牌面大小太过平淡无奇，并不那么容易记，因此记忆术研究者将它们与具体物品相关联。我的方法与哈利·洛拉尼及其他人描述的类似。其中，"梅花2"成了"硬币（coin）"，"方块3"成了"夫人（dame）"。这两个词在记忆宫殿里都能被形象化。以下是完整的码字表，如果你仔细观察的话，会发现其中的模式。每个码字都以花色的首字母开头，比如"梅花（clubs）"的"c"。牌面大小的码字发音相似——coin、dame、hen以及第四种花色里代表"2"的码字sun。这种模式起源于第十章中阐述的用于记数字的基本记忆法。其中，"n"代表"2"、"m"代表"3"、"r"代表"4"，等等。

如果你了解基本记忆法，这种扑克牌的码字非常容易记住，这也是它吸引我的地方。诸如约书亚·弗尔和多米尼克·奥布莱恩这样的记忆竞赛选手使用的码字方法更加复杂，能让他们在记忆官殿的一个位置里放入几张牌。当速度优先的话，这些方法需要刻苦努力就是情理之中的事了。即使我使用的难度较低的方法，也需要充分练习才能随时想起它们，而这是记忆扑克牌的基本要求。（如果你决定尝试记忆扑克牌，先从一种花色开始，比如说梅花，将记住这种花色的顺序作为第一步。）

用于记忆扑克牌的码字

花色				
	梅花	方块	红心	黑桃
Ace	Cot	Date	Hat	Suit
2	Coin	Dune	Hen	Sun
3	Comb	Dame	Ham	Sum
4	Car	Door	Hare	Seer
5	Coal	Doll	Hail	Sail
6	Cage	Dash	Hash	Sash
7	Cake	Dock	Hog	Sock
8	Cave	Dove	Hoof	Safe
9	Cop	Dab	Hoop	Soap
10	Case	Dose	Hose	Suds

续表

J	Club	Diamond	Heart	Spade
Q	Cream	Dream	Queen	Steam
K	King	Drink	Hinge	Sing

　　记忆宫殿需要52个位置。我选择我家及附近的地方，它们被分为10个一组。为了记住扑克牌，我创建了一幅图像来关联每张牌的码字和记忆宫殿里的位置。所以，假如扑克牌是红心4（"野兔hare"），而位置是邻居家的邮箱，我就想象一只长耳朵的野兔满脸悲情地钻进邮箱。第四章里关于记忆图像的建议在这里很有帮助。我尽可能想象出独特的图像，并试着让它们以某种方式与位置相互作用。当完成这一步后，就是考验我通过宫殿回忆它们的时刻了。

最后的结论

　　记忆宫殿利用了我们复杂视觉系统的两个特点。一是记住位置的能力，这样我们才不会在宫殿中迷路。二是记住偶遇对象的能力。这两个特点满足了码字表的基本要求：它们整理信息，并通过提供编码来帮助记忆单个列项。这让"位置法"成了最强大的助记法，能够记忆可被图像化的琐碎信息。当然，它最显著的用途是记忆列表。但有时候我们也会无意识地用它来复习重要信息。这里的记忆宫殿类似于抽认卡，能够加强记忆，从而让你在需要时不必借助记忆宫殿就能回忆起来。

记忆实验室：适用于本书的记忆宫殿

这是最后一间记忆实验室，我诚邀你创建一座记忆宫殿来帮助回忆前述章节的要点。它类似于利玛窦用来记忆大学科目的那种记忆宫殿。

第一步是确定记忆宫殿里的位置。从你经常来去的固定路线上挑选，比如你家附近的社区里。比如，路线可以是厨房餐桌—灶台面—厨房的水池—浴缸—电脑桌—书架。你需要13个位置。在想象中走一遍路线，直到你确定为止。

然后，从网络上下载13张毫无关联的图片，然后再把这13张图片放入那13个位置。一章一幅，它们提示了本书的主要观点和记忆策略。在你把它们放入记忆宫殿之前，我建议你准备一份每幅图像所提示的信息的书面总结。你稍后可用它来验证记忆的准确性。

现在把13幅图像放入记忆宫殿，想象它们和这些地方的关联。穿行于记忆宫殿之间，回忆每一幅图像和相关的信息。记忆宫殿的一个优势是你可以在任何地方练习，即使是在床上慢慢入睡的时候也行。事实上，中世纪的僧侣认为，晚上躺在床上是记忆发挥作用的最佳环境，因为没什么干扰。无论你在哪儿实施，如果你想像利玛窦一样长久记忆信息的话，间隔练习至关重要。

第十五章　心态对记忆的影响

　　假设你在公园里遛狗的时候遇到了一对亲切的夫妻。你们互相聊天，后来你离开的时候和他们告别，叫出了每个人的名字。这是一次成功的记忆，你带着狗回到车上时感觉很好。

　　思考是人类的天性，为什么那天你能成功记住他们的名字呢。也许是因为你的记性特别好，也许是因为你对记忆名字投入的精力以及你使用的记忆策略。成功（或失败）的原因是自然记忆还是后天努力似乎没什么区别。但事实却并非如此。你解释记忆结果的方式会影响你对记忆的态度——你如何评价它的功能，将会采取哪些措施来改善。这一态度甚至会影响你想要记忆的内容。

　　斯坦福大学的研究人员卡罗尔·德韦克将这两种不同的态度称作"心态"。固定心态会让你把你的表现看成是诸如自然记忆这种相对不变的能力的结果。成长心态会让你把结果归咎于自身的努力和技巧，如果你用心的话就可能有所进步。为了弄清这两种心态的作用过程，我们来看看德韦克和克劳迪娅·穆勒的一项研究。

两位心理学家要求5年级的学生解答推理题，然后分3个阶段进行实验。第一阶段结束后，每个学生都被告知他或她答得很好。与此同时，一些学生受到表扬是因为他们的天赋"你很聪明。"另一些学生受到表扬是因为他们的努力"你很用功。"

穆勒和德韦克认为，不同的表扬形式会促使学生在评估自身成功时或者采取固定心态或者采取成长心态，而研究的目的是观察心态是否会产生后续影响。研究人员怀疑可能存在后续影响，尤其是如果学生遭遇失败的话。毕竟，如果做得好意味着你很聪明，那么失败意味着什么呢？另外，如果好成绩来自努力，那么失败就具有了不同的含义。

为了探索这个问题，研究人员在第二阶段给学生创造了一次失败，请他们解答一组更难的问题。学生答完后，他们被告知在第二阶段答得很糟糕。第三阶段，研究人员要求他们解答类似于第一阶段的简单问题。失败会对他们造成什么影响？他们受到的表扬类型会发生作用吗？事实上，被表扬努力的学生进步了，而被表扬天赋的学生则退步了。到底发生了什么？

穆勒和德韦克认为，不同的心态赋予了两组学生不同的失败意义。被表扬天赋的学生遭遇失败时，他们倾向于把它看成是能力不足的结果，这让他们在解答其他问题时懈怠消极。而被表扬努力的学生可能会把失败解释为缺少努力的结果，这会让他们在第三阶段更有积极性。

学生们在未来愿意接受的挑战类型也不一样。第一阶段后，研究人员立即询问他们想解答哪些种类的推理题。大多数受到天赋表扬的学生（67%）选择了"能让我不会做错很多的不难解决的问题"。他们想避开失败，因此倾向于选择简单的问题。受到表扬努力的学生绝大多数（92%）选择了"能让我学到更多东西的问题，因为我不够聪明"。对这些学生来说，失败的负面影响更小，他们倾向于更具挑战性的问题。

现在有很多关于心态方面的研究。近期的一份综述总结了85项研究，得出"心态至关重要"的结论。人们把能力视作是可提高的本领还是固定不变的天赋会影响他们在许多领域的表现，包括学习成绩、运动能力、企业领导力、节食减肥以及恋爱关系。成长心态人群更愿意学习新知识。他们面对失败更坚韧，并且更乐意接受挑战。

这一见解关系到记忆技巧的践行者。当你想起今年奥斯卡金像奖的提名电影时，朋友说"你记性真好"，你很容易将之归功于自然记忆。事实上，这就是你朋友称赞的本意。虽然在当时这是赞美，但从长期来看这是有问题的，因为它不能帮你更好地应对你肯定会在某一时刻要面对的记忆失败。这会让你的记忆技巧停滞不前，因为在提高记忆方面失败比成功更有帮助——倘若你能从中吸取教训的话。看待记忆结果的正确心态，强调通过努力和策略成长，为记忆的提高打下基础。这也会让你更愿意接受可能会失败的记忆挑战——记住一群人的名字、把手机号码记在脑子里，或者脱稿进行情况介绍。拥有成长心态，你更可能尝试这些挑战并从中学习。

心态和刻板印象

成长心态对老年人尤其有益，他们普遍受到刻板印象的困扰，认为年龄的增长导致了生物学上的认知减退和相关记忆问题。很多老年人信奉这种观念，当其忘记上周读过什么书或去取干洗过的衣物时，我们就会看到证据。"哎呀，老了！"他们懊恼地说。这样的评论可以理解。多数老年人都认为，他们的记忆不像以前那么好了，"老了"的评论既反映出这类个人经验，也反映出社会对老化的刻板印象。

但记忆下降的真正原因他们永远无法知晓——也许是年龄造成的，也许不是。大家都忘记了这一点。如果他们有兴趣改善记忆的话，用"老了"来解释这种个别的下降毫无益处。原因就在于它所表达的意义，暗示了记忆下降是上了年纪的结果，由此形成了一种永久、固定的心态，即未来会产生更多的记忆错误。虽然这是对一次记忆下降的评论，但却在无形中破坏改善记忆的愿望，甚至成为一个自我实现的预言——一旦将这种刻板印象铭记在心，期望值就会降低，较差记忆表现的温床就会形成，无论与年龄相关的因素是否在起作用。

埃克塞特大学的凯瑟琳·哈斯拉姆和她的同事针对60岁至70岁之间的人群开展了一项研究，展示了刻板印象的惊人效果。参与者被告知，研究的目的是调查不同年龄层人群完成认知测试的方式，他们收到的材料包括一篇讲述老龄化与记忆下降之间联系的杂志文章。下面是实验设计巧妙的地方。一半参与者被告知，全体研究对象均介于40岁和70岁之间，这把他们推到了最"老"的群体中。另一半参与者被告知，全体研究对象介于60岁和90岁之间，这让他们成了最"年轻"的群体。所有参与者都进行了记忆测试——阅读故事，然后立刻回想它们，或推迟30分钟后再回想它们。结果显示，那些认为自己老了的人表现较差。

研究人员广泛研究了刻板印象对认知能力的影响，并将它们完整地记录下来。当某种条件触发刻板印象时，比如哈斯拉姆研究里的杂志文章，进程就开始了。随着刻板印象的激活，那些觉得自己老了的人倾向于预期在接下来的记忆测试中他们会做得很差，因此他们不会像认为自己年轻的人一样付出努力。

刻板印象可能会导致灾难性的后果。哈拉斯姆和她的同事发现，对年龄的刻板印象会人为地拉低一些老年人在痴呆诊断筛选检查中的测试分数，该诊断对接受人来说实在是坏消息。对多数老年人来说，痴呆症是他们最恐惧的疾病之一。而随诊断而来的是全新的甚至更糟糕的刻板印象。

好消息是，并非所有人都屈从于刻板印象。固定心态的人群最容易受它的影响，而且如果他们处于诸如老年人这样的弱势群体，他们更容易将刻板印象套用在自己身上。成长心态的人群则不那么容易受到刻板印象的影响。

研究人员杰森·普拉克斯和艾莉森·查斯迪恩针对70岁的老年人展开研究，调查心态的改变能否直接影响记忆。他们分别提供了一些支持成长心态和固定心态的材料。接着，所有人都参加了记忆测试。阅读成长观点的人比阅读固定观点的人在得分上要高15%，这么大的记忆差异在日常生活中足以引人侧目。

并非只有老年人才能从成长心态里受益。这种心态可以帮助每一个对自己的记忆能力抱有期望的人，比如学习障碍患者、注意力缺陷／多动障碍者、轻度认知障碍者或者脑损伤者。低期望值也可能是过去遭遇困难的结果，比如考试没及格。这些状况都会形成一种折磨人的信念，你存在着包括坏记性在内的认知缺陷。这种信念加上认知能力不可改善的固定心态，低期望值和低积极性，成了导致能力进一步下降的又一个不利条件。但你永远不可能知道一个人的极限在哪里。认为努力和策略可以提高能力的成长心态会让一个人快速进步。

培养成长心态

我们从周围的环境汲取营养——父母、同伴、老师、名人和媒体。我们通过他们推断能力如何产生以及要做些什么来提高能力。对不同的能力我们会有不同的心态：比如，我们可能觉得运动能力与生俱来，但音乐能力可以后天培养，反过来也是一样。我们甚至会对同一种能力抱有两种心态，比如认为记性好坏是天生的，但记忆本领可通过努力和策略得到提高。这些心态并非一成不变。本章中的研究表明，可以通过干预来改变心态，比如老师表扬学生的方式或人们读到的教育材料。

记忆技巧践行者在培养成长心态方面处于有利位置，因为技巧建立在熟能生巧的基础上，但还需要一个必要因素，它与记忆技巧践行者的目标有关。卡罗尔·德韦克指出了两种不同形式的成就目标，其中只有一种充分支持成长心态。

她建议的这种目标叫"精熟目标"，它专注于能力的开发和保持。精熟目标就是要接受挑战并迎难而上，在实现目标的过程中适应失败。发展进步才是根本目标。德韦克对比了精熟目标和绩效目标——即为了成功寻求表扬，并试图避开由失败造成的消极反应。绩效目标下，防止失败的需求比进步发展的需求更加重要。当这样的目标占据主导时，记忆能力的进步就可能放缓甚至停止。

我相信，为持续进步奠定基础的最佳方式是有意识地把成功和失败归因于努力和策略。致力精熟目标，瞄准小进步，并在此过程中获得满足。

最后的结语

对成长心态的探讨十分适合作为本书的结尾。正如前述章节提到的，关于如何改善记忆的知识非常丰富。记忆科学的革命性发展为记忆策略应对日常生活挑战提供了一个前所未有的良好基础——名字和人、数字和信息、技能和打算，甚至是你的人生。要利用实践机会提高记忆，你所需要的只是成长心态和想要进步的欲望。

具有讽刺意味的是，尽管改善记忆可用的方法如此之多，但帮助我们处理信息的似乎仍旧是形形色色的电子设备，因此也降低了我们的需求。对于信息的记忆和回忆来说，传统记忆技巧可以说渐趋没落。鉴于智能手机和互联网的普及，你会遇到许多这本书里提到的记忆挑战。但对那些喜爱记忆技巧的人来说——我希望这本书能让你成为他们中的一员——处理信息并不是唯一的动机，就像一个人选择步行而不是开车一样。步行或骑车为自力更生、健康锻炼和个人满足提供了机会。记忆也是如此。记忆策略与技巧是电子设备的补充，甚至是"解药"，它们那么有用和诱惑人，使得我们对它们的依赖程度变得越来越令人担忧。

　　我希望你会接受生活中能增强记忆的挑战，无论是记名字、更有效地学习，还是学习一种新技能。不管是那些想要进一步提高记忆技巧的读者，还是那些只能不情愿地求助便签贴的读者，我只想说：

> 每一天
>
> 找机会
>
> 来练习
>
> 提高记忆
>
> （Every Day
>
> Find a Way
>
> To Put in Play
>
> The Memory Arts）